中国石油和化学工业
优秀出版物奖
（教材奖）

职业教育“十三五”规划教材

JICHU HUAXUE

基础化学

第二版

王秉程　主编
王青歌　陈福北　副主编
马占梅　主审

化学工业出版社
·北京·

《基础化学》共有11个项目，8个实训项目，50个任务。主要内容有化学基本原理和概念、化学基本量及计算、化学反应速率和化学平衡、电解质溶液、氧化还原反应和电化学基础，以及常见金属元素及其化合物、非金属元素及其化合物、有机化合物知识、烃的衍生物、常见有机化合物、环境和能源及绿色化学、实训项目等。每个任务包括任务目标、任务引入、知识与技能准备、任务实施、知识拓展等，由实验或问题讨论得出结论，项目后附有复习题，另外还精选了一些阅读材料，以增加学生的学习兴趣。为方便教学，本书配有电子课件。

本教材主要适用于职业教育生物技术、化学化工类专业及相关专业学生使用，也可作为资源环境、食品加工等专业师生以及相关生产技术人员、科技工作者的参考资料。

图书在版编目（CIP）数据

基础化学/王秉程主编. —2版. —北京：化学工业出版社，2019.12（2024.11重印）

ISBN 978-7-122-35509-6

Ⅰ.①基… Ⅱ.①王… Ⅲ.①化学-高等学校-教材 Ⅳ.①O6

中国版本图书馆CIP数据核字（2019）第247254号

责任编辑：旷英姿　林　媛　　　　装帧设计：王晓宇

责任校对：杜杏然

出版发行：化学工业出版社（北京市东城区青年湖南街13号　邮政编码100011）

印　　装：河北延风印务有限公司

787mm×1092mm　1/16　印张12¼　彩插1　字数266千字

2024年11月北京第2版第8次印刷

购书咨询：010-64518888　　　　售后服务：010-64518899

网　　址：http://www.cip.com.cn

凡购买本书，如有缺损质量问题，本社销售中心负责调换。

定　　价：33.00元

前言

近年来，我国职业教育呈现出前所未有的发展势头，办学思想日益明确，办学规模不断扩大，办学形式日趋多样化。经过这些年的教学和探索，职业教育教材也日趋完善，种类齐全，教师依据自身的教学情况，可选择的范围越来越广，给教育教学提供了极大的帮助。由于各地经济状况、自然优势、产业特点的不同，所需高级技术操作工的知识、技能侧重点也有一些不同。青海柴达木职业技术学院生物工程专业与化学工程专业的教师，经过长期的教学摸索，并与相关企业合作，共同制定教学模式和人才培养模式，共同设置课程，共同参与教学与实践。针对生物工程及化学工程职业教育的学生学习基础化学的特点，编写了这本《基础化学》教材。

本书在内容编排上以具体任务为驱动，以学生为主体，在教学过程中体现素质渗透、工学结合等特色，突出了职业教育的职业性和实践性，符合职业教育以技术应用为目的的教学理念，能够满足其培养目标的需要。在学生评价体系中，创新评价手段，充分体现工学结合、校企合作共育人才的教改特色。为了便于教学、自学与实训，在一些项目后面编写了相应的复习题，读者可自行检测学习效果，巩固所学的知识。

本教材由青海柴达木职业技术学院王秉程任主编，青海省海西州职业技术学校王青歌、广西工业职业技术学院陈福北任副主编。全书由王秉程统稿，海西州职业技术学校吴振海提供了相关的资料以及图片，青海柴达木职业技术学院化学工程系马占梅主审。在编写过程中，编者参考了有关书籍和资料，吸收了同行有关专家、学者的一些观点和意见，在此一并表示衷心的感谢。

由于编者学识水平和经验所限，疏漏之处在所难免，恳请业内专家、学者、教师、广大读者给予批评指正。

编　者

2019 年 9 月

第一版前言

“基础化学”是中等职业学校化学工艺专业的一门专业核心课程。实践证明，项目化教学模式在当今教学改革中是一种行之有效的、可取的、有实际价值的教学模式。近年来，随着职业教育课程教学改革的不断深入，“教、学、做”一体化的教学模式已在广大中等职业学校中广泛推广。以任务为驱动开展项目化教学，可以让学生克服、处理学习中出现的困难和问题，使课堂成为学生人人参与创造的实践活动。为了顺应中等职业教学改革，编者在总结多年的项目化教学基础上，组织编写了《基础化学》这本教材，本教材主要适用于中等职业学校化学工艺专业及相关专业使用，也可作为相关企业培训教材或生产技术人员阅读的参考资料。

遵循中等职业教育“以能力为本位”和“学以致用”的指导思想，专业课程教学必须利用学科优势，兼顾知识、技能的获得方法，注重能力的培养等要求，本书根据教育部《中等职业学校化学教学大纲（试行）》中基础模块的要求，结合中等职业学校化工类专业特点进行编写。在内容编排上以具体任务为驱动、以学生为主体，在教学过程中体现素质渗透、工学结合等特色，突出了职业教育的职业性和实践性，符合中等职业教育以技术应用为目的的教学理念，能够满足其培养目标的需要。在学生评价体系中，创新评价手段，充分体现工学结合、校企合作共育人才的教改特色。为了便于教学、自学与实训，在一些项目后面编写了相应的复习题，读者可自行检测学习效果，巩固所学的知识。

本书由青海省海西州职业技术学校王青歌任主编，广西工业职业技术学院陈福北、青海省海西州职业技术学校刘芸任副主编。全书由王青歌统稿，格尔木市职业技术学院晁元祥提供了相关资料以及图片，青海省海西州职业技术学校马占梅主审。在编写过程中，编者参考了有关书籍和资料，吸收了同行有关专家、学者的一些观点和意见，在此一并表示衷心的感谢。

由于编者学识水平和经验所限，疏漏之处在所难免，恳请业内专家、学者、教师、广大读者给予批评指正。

编　者

2015 年 2 月

目录

概述

世界是由物质组成的，人类生活的世界就是一个永恒运动着的物体。自然界的气候变化、生命体的光合作用、醇香的酿酒过程、石油的炼制等，从开始用火的原始社会到使用各种人造物质的现代社会，到处都留下了化学研究的足迹，享受着化学发展的成果，可以说人类生活和活动的全部领域都离不开化学。正如二百多年前，英国著名化学家、氧气的发现者普利斯特里所说的“化学是为最大多数人的最大幸福服务的一门科学”。

那么，究竟什么是化学呢？化学是自然科学中的一门基础学科。它研究的内容主要包括：物质的组成、结构、性质、变化及其相关的现象、规律和成因，以及物质在自然界中的存在、人工合成和应用等。

学习化学可以了解化学变化的原理，搞清发生在我们身边的许多“为什么”。比如溶洞中的钟乳石、石笋、石柱是怎样形成的？金属为什么容易生锈？国庆节的焰火为什么五彩缤纷？泡沫灭火器为什么能喷出那么多泡沫而灭火？掌握这些原理，控制反应的条件，使其向着有利于人类的方向发展。

化学可以更好地利用自然资源，提炼物质并合成新物质。从地下开掘采出的煤和石油可以提炼出汽油、煤油、柴油等燃料，还可以生产塑料、纤维、橡胶等化工原料，进一步加工还可以制得医药、炸药、农药、化肥、染料等多种化工产品。

学习化学可以帮助人类在能源、材料、生命现象、生态环境等多领域中研究创新，开辟新的道路。目前，化学已开始向油页岩、生物燃料、太阳能、核能等新能源进军；向先进的光子材料、复合材料等发起挑战。

随着科学的飞速发展，学科间的相互渗透，自然科学与社会科学的相互交叉，无论将来从事什么工作，都必须具备起码的化学基础知识。

一、化学的基本概念

化学是研究物质的组成、结构、性质以及变化规律的一门自然科学。例如氯化钠(NaCl)，人类采用化学的方法研究之后发现，氯化钠除可以作为食盐等调味品外，还是一种重要的化工原料，利用氯化钠以制造氢氧化钠（苛性钠）、氯气和氢气，进而制取盐酸、漂粉精、塑料、肥皂和农药。在造纸、纺织、印染、有机合成和金属冶炼等行业都离不开氯化钠制得的化工产品。

二、化学的发展与进步

1. 化学发展史

化学的起源和发展与人类的生活息息相关。人类的衣食住行，都自觉或不自觉地享受着化学变化带来的便利。

自从有了人类，化学便与人类结下了不解之缘，从古至今，伴随着人类的进步，化学历史的发展经历了哪些阶段呢？

（1）远古的工艺化学时期

人类的制陶、冶金、酿酒、染色等工艺，主要是在实践经验的直接启发下经过多少万年摸索而来的，化学知识还没有形成，这是化学的萌芽时期。

（2）炼丹术和医药化学时期

从公元前 1500 年到公元 1650 年，炼丹术士和炼金术士们，在皇宫、在教堂、在自己的家里、在深山老林的烟熏火燎中，为求得长生不老的仙丹，求得荣华富贵的黄金，开始了最早的化学实验。记载、总结炼丹术的书籍，在中国、阿拉伯、埃及、希腊都有不少。这一时期积累了许多物质间的化学变化，为化学的进一步发展准备了丰富的素材。之后，化学方法转而在医药和冶金方面得到了正当发挥。在欧洲文艺复兴时期，出版了一些有关化学的书籍，第一次有了“化学”这个名词。英语的 chemistry 起源于 alchemy，即炼金术。chemist 至今还保留着两个相关的含义：化学家和药剂师。这些可以说是化学脱胎于炼金术和制药业的文化遗迹了。

（3）燃素化学时期

从 1650 年到 1775 年，随着冶金工业和实验室经验的积累，人们总结感性知识，认为可燃物能够燃烧是因为它含有燃素，燃烧的过程是可燃物中燃素放出的过程，可燃物放出燃素后成为灰烬。

（4）定量化学时期，即近代化学时期

1775 年前后，拉瓦锡用定量化学实验阐述了燃烧的氧化学说，开创了定量化学时期。这一时期建立了不少化学基本定律，提出了原子学说，发现了元素周期律，发展了有机结构理论。所有这一切都为现代化学的发展奠定了坚实的基础。

（5）科学相互渗透时期，即现代化学时期

20 世纪初，量子论的发展使化学和物理学有了共同的语言，解决了化学上许多悬而未决的问题；另外，化学又向生物学和地质学等学科渗透，使蛋白质、酶的结构问题得到逐步解决。

2. 我国的化学发展

新中国成立以后，我国的化学和化学工业，以及化学基础理论研究等方面，都取得了长足的进步。化肥、农药、“三酸二碱”等基本化工产品产量迅速增长；石油化工生产突飞猛进，建成了塑料、化纤、橡胶、涂料以及胶黏剂五大合成材料工业体系；用于火箭、导弹、人造卫星及核工业等所需的特殊材料均可独立生产。

1965 年，我国的科学工作者在世界上第一次用化学方法合成了具有生物活性的蛋白质——结晶牛胰岛素，到了20世纪80年代，又在世界上首次用人工方法合成了一种具有与天然分子相同的化学结构和完整生物活性的核糖核酸，为人类揭开生命奥秘做出了贡献。

三、化学的重要作用

化学是一门社会需要并为人类社会服务的实用学科。人类生活的各个方面、社会发展的各种需要都与化学息息相关。当今，化学日益渗透到生活的各个方面，特别是与人类社会发展密切相关的各个领域。

1. 化学使人类丰衣足食并不断提高人类的生活质量

色泽鲜艳的衣料要经过化学处理和印染，丰富多彩的合成纤维就是化学的一大贡献；利用化学生产化肥和农药，以增加粮食产量；现代建筑所用的水泥、石灰、涂料、玻璃和塑料等材料都是化工产品；用以代步的各种现代交通工具，不仅需要汽油、柴油作动力，还需要各种汽油添加剂、防冻剂以及机械部分的润滑剂，这些无一不是石油化工产品。预防疾病将是21世纪医学发展的中心任务，利用化学合成药物，以抑制细菌和病毒，保障人体健康；此外，人们需要的洗涤剂、美容品和化妆品等日常生活必不可少的用品也都是化学制剂。

2. 化学能保护和改善人类赖以生存的环境

在许多人的眼里，化学的美好黯淡了，更多的人则认为“化学是恶的罪魁祸首”，甚至说“都是化学惹的祸”，因此，利用化学的力量减少或消除污染、改善环境迫在眉睫。解铃还须系铃人。在这些关系到国计民生的环境问题中，化学必然会担负起主要的责任。化学工作者可以通过了解环境被污染的情况和原因，治理、保护环境，如研究开发对环境无害的化学品和生活用品，实施绿色化工。利用化学综合应用自然资源和保护环境，以使人类生活得更加美好。

3. 化学能提供人类合理使用能源的方法

能源是人类发展和社会进步的动力，是关系国民经济的命脉。随着经济和社会的发展，人类对能源的需求量越来越大。曾为“地大物博”“资源丰盛”而自傲的我们，今天却将面临空前的能源危机。能源危机？这个似乎是离自己很遥远的词语，现在却正逐渐渗透到人们的生活中，其速度远远超出了人们的想象。人们不得不思考并采取应对措施。

（1）提高燃料的燃烧效率并节约能源

所谓的提高燃烧效率，就是让适量的燃料和适量的空气组成最佳比例进行燃烧，空气中有78%的氮气，这些氮气不参加燃烧，但在燃烧过程中一样被加热，吸取了能量从烟道中排到大气中。为了使空气中20.9%的氧气参与燃烧，必须要加热近4倍的氮气，然后将其放掉。这些能量的损耗是不可避免的，但可以设法降到最低程度。如果能在保证燃料充分燃烧的前提下最大限度地减少空气的输入量，则这种形式的损耗将减至最低。但是空气的减少必须在保证燃料充分燃烧的前提下进行，否则由于燃料燃烧的未充分，燃烧的能量损失也是非常可观的，同时也会对大气造成污染。

增大可燃物与氧气的接触面积或增大氧气的浓度可以促进燃烧，具体做法有使用蜂窝煤（烧柴架空、用扇子扇风、鼓入空气、煤块粉碎等）；在化石燃料中，天然气燃烧时生成水和二氧化碳，是一种比较清洁的燃料；氢气作为原料，资源丰富，燃烧时释放出的热量多，燃烧的产物只有水，无污染，是最理想的燃料。

（2）开发新能源

在化石能源逐渐枯竭、环境代价日益受到重视的今天，新能源的开法和利用日新月异。新能源必须满足高效、洁净、经济、安全的要求，利用太阳能以及新型的高效、洁净化学电源与燃料电池都将成为21世纪的重要能源。

（3）寻找更新型的能源

除去已经有研究基础和生产经历的上述能源以外，从根本上寻找更新型的能源（例如天然气水合物）的工作不可忽视。而这些研究大多数要从化学基本问题做起，研究有关的理论与技术。

4. 化学是人类使用新材料的源泉

材料是人类用于制造物品、器件、构件、机器或其他产品的物质。各种的结构材料和功能材料与粮食一样，永远是人类赖以生存和发展的物质基础。

化学的重要性体现在很多方面。化学是一门创造新事物的科学，是新物质和新材料科学发展的源泉，对人类社会的发展起着至关重要的作用。例如，适应科技迅猛发展所需要的耐腐蚀、耐高温、耐辐射、耐磨损的结构材料，光导纤维、液晶高分子材料以及超导体、离子交换树脂和交换膜等功能材料，它们的制取都是需要化学参与研究的课题。

四、发展绿色化学刻不容缓

科学不但要认识世界和改造世界，还要保护世界，化学也如此。人类的物质文明已经无法离开化学与化学工业，现在面临的问题是，既要为了开创美好生活去大力发展化学工业，又要采取措施使其生产过程和产品与环境和谐，与人类友好。因此应对化学所面临的挑战，提倡绿色化学是刻不容缓的。

绿色化学又称环境无害化学、环境友好化学、清洁化学，指在化学反应和生产过程中以“原子经济性”为基本原则，用化学的技术和方法去减少或消灭对人类健康、社区安全、生态环境有害的原料、催化剂、溶剂和试剂等的使用和产生。绿色化学是实现环境污染防治的基础和重要工具。

绿色化学涉及化学的有机合成、催化、生物化学、分析化学等诸多学科，利用可持续的方法，降低为维持人类生活水平及科技进步需要的化工产品与过程中所使用或产生的有害物质，形成一种仿生态的全过程控制模式。

21世纪的化学，宏观上将是研究和创建“绿色化”原理与技术的科学，微观上将是从原子、分子层面揭示和设计“分子”功能的科学。因此，在被誉为21世纪朝阳科学的八大领域中，化学以其中心科学之重当仁不让地继续在环境、能源、材料三大领域起主导作用。同时，化学秉其“化学”奇异擅变之妙，通过与信息、生命、地球、空间和核科学五大领域的交叉而使自己愈发异彩纷呈。

项目一

化学基本原理和概念

任务一　认识原子的结构

任务目标

1. 准确描述原子的构成。
2. 知道同位素的概念及用途。
3. 知道核外电子排布的规律。
4. 会画原子结构示意图，会书写电子式和离子符号。
5. 会从微观角度分析物质的结构。

任务引入

在我们周围的世界中存在着各种各样、形形色色的物质，而物质是由原子、分子或离子构成的。分子是保持物质化学性质的最小微粒，原子是化学变化中的最小微粒，物质是由原子构成的，那么原子又是怎样构成的呢？

知识与技能准备

一、原子的构成

人们对原子结构认识经过了几个历史阶段。

1. 道尔顿原子模型（1803 年）

原子是组成物质的基本粒子，它们是坚实、不可再分的实心球（见图 1-1-1）。

2. 汤姆生原子模型（1904 年）

原子是一个平均分布着正电荷的粒子，其中镶嵌着许多电子，其中和了正电荷，从而形成了中性原子（见图 1-1-2）。

3. 卢瑟福原子模型（1911 年）

根据 a 粒子散射实验，卢瑟福提出了带核的原子结构模型，原子由原子核和电子构成，电子在核周围做高速运动，就像行星围绕太阳运转一样（见图 1-1-3）。

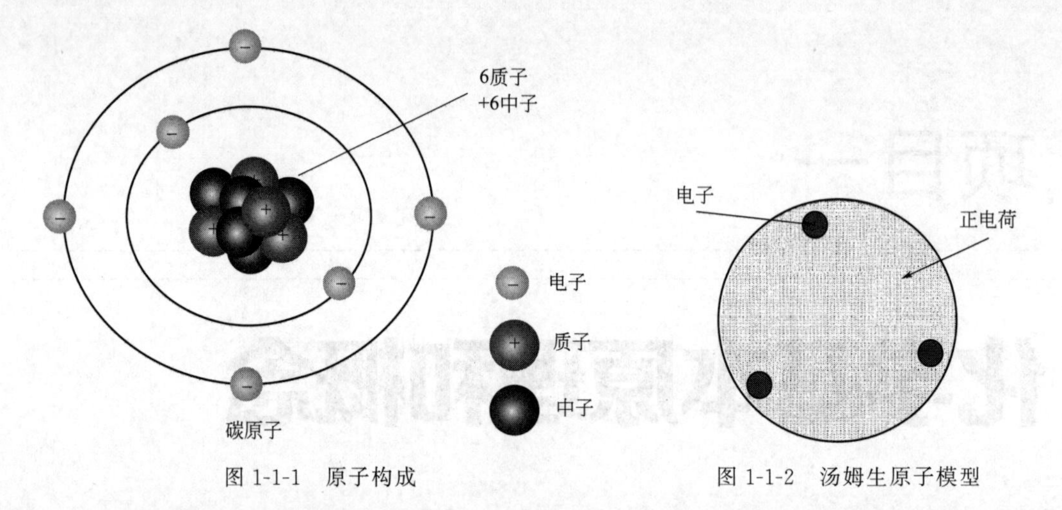

图 1-1-1 原子构成　　　　图 1-1-2 汤姆生原子模型

4. 波尔的原子分层模型（1913 年）（见图 1-1-4）

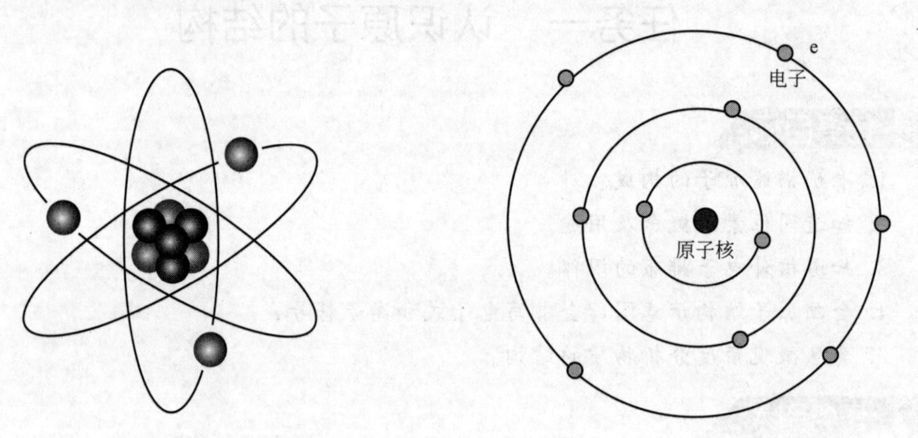

图 1-1-3 卢瑟福原子模型　　　　图 1-1-4 波尔的原子分层模型

科学实验证明，原子很小，但能再分，原子由原子核和核外电子组成。原子核带正电荷，居于原子的中心；电子带负电荷，在原子核外空间做高速运动。原子核所带的正电荷数（核电荷数）与电子所带负电荷数相等，电性相反，所以整个原子是电中性的。

原子核的半径不到原子半径的万分之一，体积只占原子体积的几千亿分之一。原子核仍可再分，由质子（带一个单位正电荷）和中子（不带电荷）构成。所以原子核所带的电荷数（Z）由核内质子数决定。

核电荷数＝核内质子数＝核外电子数

质子（1.6726×10^{-27}kg）和中子（1.6728×10^{-27}kg）的质量很小，电子的质量仅为质子质量的 1/1837，原子的质量主要集中在原子核上，通常用相对质量计算。如忽略电子的质量，将原子核内的质子和中子的相对质量取近似整数值相加，所得的数值，称为质量数（A），则

质量数＝质子数（Z）＋中子数（N）

习惯上，常用$^{A}_{Z}$X 表示一个质量数为 A、质子数为 Z 的原子，例如$^{14}_{6}$C 表示质子数为 6、质量数为 14 的碳原子。

原子的构成如下：

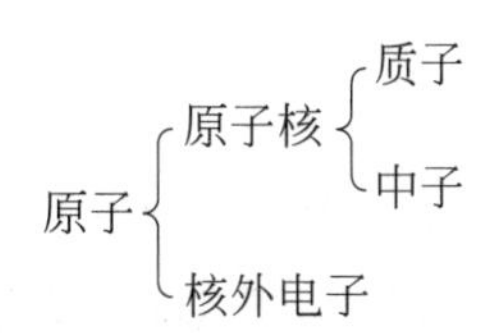

氢元素的三种原子的构成（见表 1-1-1）。

表 1-1-1 氢元素的三种原子的构成

名称	符号	俗称	质子数	中子数	电子数	质量数
氕	$^{1}_{1}H$ 或 H	氢(普通氢)	1	0	1	1
氘	$^{2}_{1}H$ 或 D	重氢	1	1	1	2
氚	$^{3}_{1}H$ 或 T	超重氢	1	2	1	3

结论：

质子数相同，中子数不同的同种元素的不同原子互称为同位素。

二、同位素的用途

1. 医学诊断利用同位素的放射性

同位素在医学上的应用如图 1-1-5 所示。

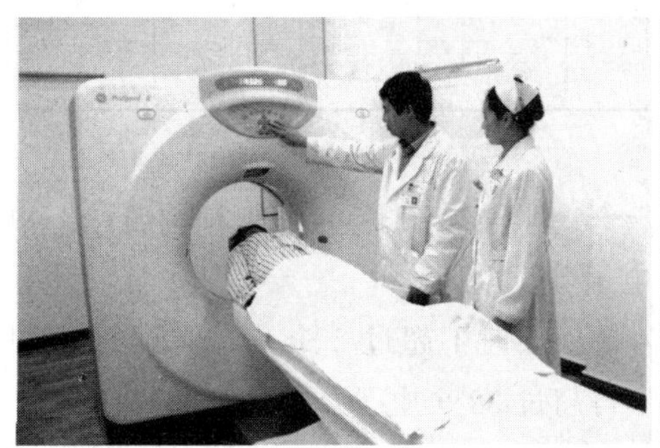
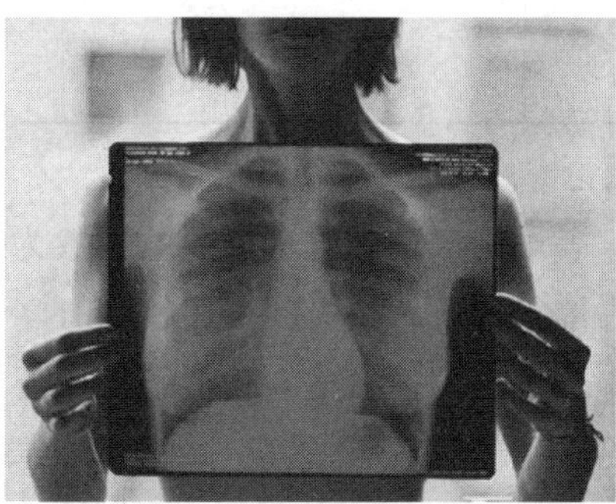

图 1-1-5 同位素在医学上的应用

2. 利用核反应放出能量

同位素在核工业中的应用如图 1-1-6 所示。

图 1-1-6 同位素在核工业中的应用

三、核外电子的排布规律

原子中的电子在原子核外做高速运动。在含有多个电子的原子中，各个电子的能量并不相同。通常能量低的在离核较近的区域运动，能量较高的电子在离核较远的区域运动，即核外电子按能量的高低由内至外分层排布。电子层用 n（$n=1$、2、3、4、5、6、7，即 K、L、M、N、O、P、Q）表示。

根据稀有气体的各层电子数，讨论元素原子的电子层排布规律（见表 1-1-2）。

表 1-1-2 稀有气体的各层电子数

核电核数	元素名称	元素符号	各电子层的电子数					
			K	L	M	N	O	P
2	氦	He	2	8				
10	氖	Ne	2	8				
18	氩	Ar	2	8	8			
36	氪	Kr	2	8	18	8		
54	氙	Xe	2	8	18	18	8	
86	氡	Rn	2	8	18	32	18	8

结论：

1. 各电子层最多可容纳的电子数为 $2n^2$，即 K 层最多可容纳 2 个电子；L 层最多可容纳 8 个电子；M 层最多可容纳 18 个电子等。

2. 最外层不得超过 8 个电子（K 层为最外层时不超过 2 个，如氢原子、氦原子）；次外层不得超过 18 个电子，倒数第三层不得超过 32 个电子。

四、电子式和离子

1. 电子式

元素的化学性质主要由原子的最外层电子数决定，常用（小黑点·或×）来表示元素原子最外层上的电子。例如：H× ·Ö· 等。

2. 离子

原子或原子团得、失电子后形成的带电微粒称为离子。

离子也是构成物质的一种微粒，元素符号右上方表示离子电荷的电性及数值（离子所带的电荷数及电性跟原子或原子团的化合价相同）。

带正电荷的离子叫阳离子，如钠离子（Na^+）；带负电荷的离子叫阴离子，如氯离子（Cl^-）。

（1）常见原子结构示意图

(+3) 2 1　(+4) 2 2　(+5) 2 3　(+6) 2 4　(+7) 2 5　(+8) 2 6　(+9) 2 7　(+10) 2 8

锂(Li)　铍(Be)　硼(B)　碳(C)　氮(N)　氧(O)　氟(F)　氖(Ne)

(+11) 2 8 1　(+12) 2 8 2　(+13) 2 8 3　(+14) 2 8 4　(+15) 2 8 5　(+16) 2 8 6　(+17) 2 8 7　(+18) 2 8 8

钠(Na)　镁(Mg)　铝(Al)　硅(Si)　磷(P)　硫(S)　氯(Cl)　氩(Ar)

（2）钾原子与离子结构示意图

K (+19) 2 8 8 1　　K^+ (+19) 2 8 8

1. 具有相同核电荷数的同一类原子的总称是什么？

2. 由同种元素组成的不同单质互称为什么？

3. 根据构成原子的各种微粒数之间的关系，求质量数为 39、核外电子数为 19 的钾原子的核电荷数、质子数和中子数，并画出钾原子结构示意图。

4. 填写下表，写出核电荷数为 1～18 的元素原子的电子层排布。

核电核数	元素名称	元素符号	各电子层的电子数					
			K	L	M	N	O	P
1	氢	H						
2	氦	He						
3	锂	Li						
4	铍	Be						
5	硼	B						
6	碳	C						
7	氮	N						
8	氧	O						
9	氟	F						
10	氖	Ne						
11	钠	Na						
12	镁	Mg						
13	铝	Al						
14	硅	Si						
15	磷	P						
16	硫	S						
17	氯	Cl						
18	氩	Ar						

任务二 解读元素周期律和元素周期表

任务目标

1. 能准确描述元素周期律。
2. 知道元素周期表的结构及周期和族的特性。
3. 知道主族元素性质的递变规律。
4. 能用元素性质的递变规律判断和比较元素及其化合物的性质。
5. 能简单推断常见元素的性质及在周期表中的位置。

任务引入

为了认识元素之间的相互联系和内在联系，把核电荷数为1～18的元素原子的核外电子排布、原子半径和化合价列表，并加以讨论，按核电荷数由小到大的顺序给元素用阿拉伯数字编号，即元素的原子序数，原子序数与原子的核电荷数相等。

知识与技能准备

一、元素周期律

为了认识元素之间的相互联系和内在规律，把核电荷数1～18的元素原子的核外电子排布、原子半径和一些化合价列成表（见表1-2-1）来加以讨论。为了方便，人们按核电荷数由小到大的顺序给元素编号，这种序号叫做该元素的原子序数。显然，原子序数在数值上与这种原子的核电荷数相等。表1-2-1就是按原子序数的顺序编排的。

1. 核外电子排布的周期性变化

从表1-2-1可以看出，原子序数从1～2的元素，即从氢到氦，有一个电子层，电子由一个增到2个，达到稳定结构。原子序数从3～10的元素，即从锂到氖，有两个电子层，最外层电子从1个递增到8个，达到稳定结构。原子序数从11～18的元素，即从钠到氩，有三个电子层，最外层电子也从1个递增到8个，达到稳定结构。如果我们对18号以后的元素继续研究下去，同样可以发现，每隔一定数目的元素，会重复出现原子最外层电子数从1个递增到8个的情况。也就是说，随着原子序数的递增，元素原子的最外层电子排布呈周期性的变化。

2. 原子半径的周期性变化

从表1-2-1可以看出，由碱金属Li到卤素F，随着原子序数的递增，原子半径由123pm（皮米，$1pm=10^{-12}m$）递减到71pm，即原子半径由大逐渐变小。再由碱金属Na到卤素Cl，随着原子序数递增，原子半径又是从大（186pm）逐渐变小（99pm）。如果把所有的元素按原子序数递增的顺序排列起来，将会发现，随着原子序数的递增，元素的原子半径发生周期性的变化。

3. 元素主要化合价的周期性变化

从表1-2-1可以看到，原子序数从11～18的元素在极大程度上重复着从3～10的元素所表现的化合价的变化，即正价从+1（Na）逐渐递变到+7（Cl），以稀有气体元素零价结束。从中部的元素开始有负价，负价从−4（Si）递变到−1（Cl）。如果研究18号元素以后的元素的化合价，同样可以看到与前面18种元素相似的变化。也就是说，元素的化合价随着原子序数的递增呈现周期性的变化。

表 1-2-1 元素性质随着核外电子周期性的排布而呈周期性的变化

原子序数	1	2	3	4	5	6	7	8	9
元素名称	氢	氦	锂	铍	硼	碳	氮	氧	氟
元素符号	H	He	Li	Be	P	C	N	O	F
电子层结构	1	2	2 1	2 2	2 3	2 4	2 5	2 6	2 7
原子半径/pm	37	122	123	89	82	77	75	74	71
化合价	+1	0	+1	+2	+3	+4,−4	+5,−3	−2	−1
原子序数	10	11	12	13	14	15	16	17	18
元素名称	氖	钠	镁	铝	硅	磷	硫	氯	氩
元素符号	Ne	Na	Mg	Al	Si	P	S	Cl	Ar
电子层结构	2 8	2 8 1	2 8 2	2 8 3	2 8 4	2 8 5	2 8 6	2 8 7	2 8 8
原子半径/pm	160	186	160	143	117	110	102	99	191
化合价	0	+1	+2	+3	+4,−4	+5,−3	+6,−2	+7,−1	0

人们已经发现了一百多种元素，科学家们将电子层数相同的按原子序数递增的顺序由左到右排成同一横行，将不同横行中最外层（有时还需考虑次外层）的电子数目相同的按电子层数递增的顺序由上而下排成纵列，这样就得到一张元素周期表（见书后元素周期表）。

二、元素周期表的结构

1. 周期

具有相同电子层数的元素，按原子序数递增的顺序从左向右排列成一个横行，称为一个周期，已发现的元素中，核外最多有7个电子层，所以一共有7个周期。其中1、2、3周期称为短周期；4、5、6、7称为长周期。除第1周期只包括氢和氦外，每一周期的元素都是从最外层电子数为1的碱金属开始，逐渐过渡到最外层电子数为7的卤素，最后以最外层数为8的稀有气体元素结束。

周期的序数=元素原子具有的电子层数

2. 族

元素同期表中有18个纵行，除第8、9、10三个纵行统称为第Ⅷ族外，其余15个纵行，每个纵行称为1族。由短周期和长周期共同构成的族叫A族（我国将A族也称为主族），分别用ⅠA、ⅡA…表示，共有8个A族。主族元素的族序号就是该族元素原子的最外层电子数（除第ⅧA族外），也是该族元素的最高化合价。第ⅧA族是稀有气体元素，化学性质非常不活泼，在通常情况下不发生化学变化，其化合价为零。完全由长周期元素构成的族叫B族（我国将B族称为副族），分别用ⅠB、ⅡB…表示，共有8个B族。副族元素又叫过渡元素。

三、周期表中主族元素性质的递变规律

分析11～17号元素金属性和非金属性的变化情况（见表1-2-2）。

表 1-2-2　11～17 号元素金属性和非金属性变化情况

第三周期元素	$_{11}Na$	$_{12}Mg$	$_{13}Al$	$_{14}Si$	$_{15}P$	$_{16}S$	$_{17}Cl$
(1)电子排布	电子层数相同，最外层电子数依次增加→						
(2)原子半径	原子半径依次减小→						
(3)主要化合价	+1	+2	+3	+4 −4	+5 −3	+6 −2	+7 −1
(4)金属性、非金属性	金属性减弱，非金属性增加→						
(5)单质与水或酸置换难易	冷水剧烈	热水与酸反应快	与酸反应慢	—			
(6)氢化物的化学式	—			SiH_4	PH_3	H_2S	HCl
(7)与 H_2 化合的难易	—			由难到易→			
(8)氢化物的稳定性	—			稳定性增强→			
(9)最高价氧化物的化学式	Na_2O	MgO	Al_2O_3	SiO_2	P_2O_5	SO_3	Cl_2O_7
最高价氧化物对应水化物 (10)化学式	NaOH	$Mg(OH)_2$	$Al(OH)_3$	H_2SiO_3	H_3PO_4	H_2SO_4	$HClO_4$
最高价氧化物对应水化物 (11)酸碱性	强碱	中强碱	两性氢氧化物	弱酸	中强酸	强酸	很强的酸
最高价氧化物对应水化物 (12)变化规律	碱性减弱，酸性增强→						

结论：

在周期表中，同一主族元素从上到下，同一周期中的主族元素从左到右的变化规律：元素的金属性逐渐减弱，非金属性逐渐增强（见表 1-2-3）。

表 1-2-3　周期表中主族元素性质的递变规律

周期＼族	ⅠA	ⅡA	ⅢA	ⅣA	ⅤA	ⅥA	ⅦA	ⅧA
1								
2			B					
3			Al	Si				
4				Ge	As			
5					Sb	Te		
6						Po	At	
7								

非金属性逐渐(增强)→

金属性逐渐(增强)↓

←金属性逐渐(增强)

↑非金属性逐渐(增强)

稀有气体元素

根据元素周期表中主族元素性质的递变规律，试分析：

1. 非金属元素应在周期表的什么区域？金属元素应在周期表的什么区域？为什么？

2. 周期表中哪一种元素的金属性最强？哪一种元素的非金属性最强（用红字表示的放射性元素除外）？

四、主族元素化合价的递变

元素的化合价与原子的电子层结构，特别是与最外层电子数目有密切的关系。一般把能够决定化合价的电子（参加化学反应的电子）叫做价电子。主族元素原子的最外层电子都是价电子。表 1-2-4 列出了主族元素主要化合价和气态氢化物、最高价氧化物及其水化物的通式。

主族元素的主要化合价和气态氢化物、最高价氧化物及其水化物见表 1-2-4。

表 1-2-4　主族元素的主要化合价和气态氢化物、最高价氧化物及其水化物

性质＼元素		碳(C)	硅(Si)	锗(Ge)	锡(Sn)	铅(Pb)
主要化合价		－4、＋2、＋4	－4、＋4	＋2、＋4	＋2、＋4	＋2、＋4
单质色、态		无色或黑色固体	灰黑色固体	灰白色固体	银白色固态	蓝白色固态
氢化物 RH_4 稳定性		稳定性逐渐减弱			无	
主要氧化物		CO、CO_2	SiO_2	GeO、GeO_2	SnO、SnO_2	PbO、PbO_2
最高价氧化物的水化物	化学式	H_2CO_3	H_2SiO_3 H_4SiO_4	$Ge(OH)_4$	$Sn(OH)_4$	$Pb(OH)_4$
	酸碱性	酸性递减		碱性递增(多为两性)		
金属性、非金属性		非金属性递减，金属性递增				

任务实施

1. 练习查阅元素周期表，指出钾、氯元素在周期表中的位置。
2. 已知元素 R 的原子结构示意图如下：

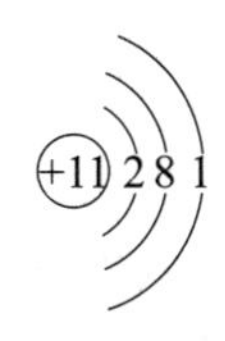

（1）试确定元素 R 位于周期表中哪一周期，哪一族？

（2）写出它的最高价氧化物的化学式和该氧化物对应的水化物的化学式。

阅读材料

门捷列夫与元素周期表

德米特里·伊万诺维奇·门捷列夫（1834—1907）　俄罗斯科学家，发现化学元素的周期性。1850 年入彼得堡师范学院学习化学，1855 年毕业后任敖德萨中学教师。1893 年起，任度量衡局局长。1890 年当选为英国皇家学会外国会员。

门捷列夫的最大贡献是发现了化学元素周期律。他在批判继承前人工作的基础上，对大量实验事实进行了订正、分析和概括，总结出一条规律：元素（以及由它所形成的单质和化合物）的性质随着原子量的递增而呈周期性的变化。这就是元素周期律。他根据元素周期律编制了第一个元素周期表，把已经发现的63种元素全部列入表里，从而初步完成了使元素系统化的任务。他还在表中留下空位，预言了类似硼、铝、硅的未知元素（门捷列夫叫它类硼、类铝和类硅，即以后发现的钪、镓、锗）的性质，并指出当时测定的某些元素原子量的数值有错误。而他在周期表中也没有机械地完全按照原子量数值的顺序排列。若干年后，他的预言都得到了证实。门捷列夫工作的成功，引起了科学界的震动。人们为了纪念他的功绩，就把元素周期律和周期表称为门捷列夫元素周期律和门捷列夫元素周期表。

元素周期律的发现激起了人们发现新元素和研究无机化学理论的热潮，元素周期律的发现在化学发展史上是一个重要的里程碑，它把几百年来关于各种元素的大量知识系统化起来形成一个有内在联系的统一体系，进而使之上升为理论。

门捷列夫因发现周期律而获得英国皇家学会戴维奖章（1882年）。他还曾获英国科普利奖章（1905年）。1955年科学家们为了纪念元素周期律的发现者门捷列夫，将101号元素命名为钔。门捷列夫运用元素性质周期性的观点写成《化学原理》一书（1869年），曾被译成多种文字。

任务三　认识化学键与分子结构

任务目标

1. 记住化学键的概念与类型。
2. 说出离子键、共价键的概念，会解释离子键、共价键的形成过程和形成条件。
3. 能熟练地用电子式表示离子化合物、共价化合物的形成过程。
4. 会判断离子化合物和离子晶体，会辨认非极性键和极性键。

任务引入

目前为止，人们已发现的元素有100多种，由这100多种元素的原子组成的物质数以千万计，原子和原子能够相互结合，说明它们之间存在着某种相互作用。分子中相邻原子之间强烈的相互作用称为化学键。化学键的类型主要有离子键、共价键等。

一、离子键

氯化钠的形成过程：

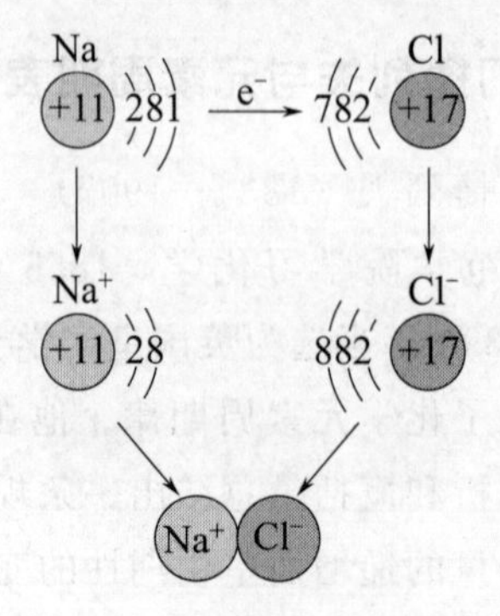

根据钠原子和氯原子的核外电子排布，从原子结构看，钠原子的最外层上有 1 个电子，容易失去 1 个电子，氯原子最外层上有 7 个电子，容易得到 1 个电子。所以，在钠原子和氯原子相互作用时，氯原子从钠原子上得到 1 个电子，都成了最外层是 8 个电子的稳定结构，并且分别成了带正电荷的钠离子（Na^+）和带负电荷的氯离子（Cl^-）。

像氯化钠这样，阴、阳离子间通过静电作用所形成的化学键叫做离子键。由离子键结合成的化合物称为离子化合物。

氯化钠的形成过程也可用电子式表示：

$$H^{\times}+\cdot\underset{\cdot\cdot}{\overset{\cdot\cdot}{Cl}}: \longrightarrow H\overset{\times}{\cdot}\underset{\cdot\cdot}{\overset{\cdot\cdot}{Cl}}:$$

学过的分子中，有哪些原子间是以离子键结合的？

通常，活泼的金属（钾、钠、钙等）与活泼的非金属（氯、溴、氧等）化合时，能形成离子键。例如，KCl、NaBr 等。

离子化合物形成的晶体是离子晶体，属于离子晶体的物质通常有活泼金属的盐、碱和氧化物等。

学过的分子中，有哪些原子间是以共价键结合的？那么共价键的形成过程如何呢？

二、共价键

例如，用电子式表示 HCl 分子的形成过程。

$$H^{\times}+\cdot\underset{\cdot\cdot}{\overset{\cdot\cdot}{Cl}}: \longrightarrow H\overset{\times}{\cdot}\underset{\cdot\cdot}{\overset{\cdot\cdot}{Cl}}:$$

像氯化氢分子这样，氢原子与氯原子之间通过共用电子对所形成的化学键叫共价键。

非金属元素原子之间一般都是通过共用电子对形成共价键而结合在一起的，分子中原子之间全部是共价键的分子叫做共价分子。HCl、H_2O、NH_3、CH_4 等是共价化合物分子；H_2、Cl_2 等同种原子形成的共价单质分子，它们都是共价分子。

知识拓展

非极性键与极性键

不同元素的原子吸引电子的能力是否相同？当它们形成共价键时，共用电子对将发生怎样的改变？

1. 非极性键

同种原子形成的共价键，简称非极性键，如 H—H 键、Cl—Cl 键。

2. 极性键

不同种原子形成的共价键，简称极性键。如 HCl 分子中的 H—Cl 键，在化学上常用一根短线表示一对共用电子对，因此，氯化氢的构造式可表示为 H—Cl。

化合物中键的类型不一定是单一的。如在 NaOH 中，Na^+ 和 OH^- 之间是离子键，而 OH^- 中 H、O 原子之间是共价键。

由极性键组成的多原子分子，可能是极性分子，也可能是非极性分子，这取决于分子中各个极性键的空间方向。如果各个极性键的空间方向是对称的，就是非极性分子，如 CO_2、CH_4 等。如果各个极性键的空间方向不是对称的，就是极性分子，如 NH_3、H_2O 等。

上网查询什么叫原子晶体、分子晶体，它们的性质如何，并举例说明。

复 习 题

一、填空题

1. 由同种元素组成的不同单质互称为（　　）。

2. 具有相同质子数和不同中子数的同种元素的原子互称为（　　）。

3. 元素周期表有（　　）个行，即（　　）个周期。其中第 1、2、3 周期称为（　　）周期，第（　　）周期称为长周期，第 7 周期称为（　　）周期。

4. 第 3 周期元素中，元素金属性最强的是（　　），原子半径最小的是（　　），单质与水反应最剧烈的是（　　），化合物是两性氧化物的是（　　），最高价氧化物对应的水化物酸性最强的酸是（　　），气态氢化物最稳定的化学式是（　　）。

5. 氢氧化钠的碱性比氢氧化镁（　　），氢氧化镁的碱性比氢氧化铝（　　），氢氧化钠的碱性比氢氧化锂（　　），氢氧化钠的碱性比氢氧化钾（　　），这说明同一周期从左到右，元素最高价氧化物对应水化物的碱性是（　　）的；同一主族从上到下，元素最高价氧化物对应水化物的碱性是（　　）的。

6. 硫酸酸性比磷酸（　　），因为同一周期的元素，从左到右的非金属性（　　），所以它们的最高氧化物对应的水化物的酸性（　　）。根据氢气与卤素反应的条件推测，同一主族从上到下元素的非金属性（　　），气态氢化物稳定性（　　）。

7. 钠原子最外层有（　　）个电子，氯原子最外层有（　　）个电子。在钠和氯反应中钠原子易（　　）个电子，形成（　　）价的钠离子，氯原子易（　　）个电子，形成（　　）价的氯离子，形成的化合物的名称是（　　）。

二、选择题

1. 下列说法中正确的是（　　）。

A. 同种元素的原子和离子的化学性质相同

B. 质子数相同的原子一定属于同种原子

C. 离子化合物只存在离子键

D. 离子化合物必定存在离子键，也可能存在共价键

2. 跟氖原子具有相同电子层结构的一组离子是（　　）。

A. F^-、Cl^-　　B. Na^+、Al^{3+}　　C. K^+、Cl^-　　D. Mg^{2+}、S^{2-}

3. A和B原子的最外电子层上分别有3个电子和6个电子，它们相互形成化合物的化学式是（　　）。

A. AB　　B. AB_2　　C. A_2B　　D. A_2B_3

4. 下列微粒中最外层电子最多的是（　　）。

A. Na^+　　B. S　　C. H　　D. Al

5. 下列关于原子的说法错误的是（　　）。

A. 原子是化学变化中的最小粒子　　B. 原子在不断地运动

C. 有些物质是由原子直接构成的　　D. 原子是不可再分的粒子

三、用电子式表示NaCl、$CaBr_2$、NH_3、I_2的形成过程。

四、以下物质是由碳、氢、氧、钠中的某些元素组成的。

1. 请用上述元素按以下分类各写出一种物质的化学式：

常用作人工降雨的固体化合物____________；碱性氧化物____________；碱____________；正盐______________；酸式盐______________；过量饮用会导致死亡的液态物质__________。

2. 写出1. 中正盐的电离方程式________________________。

五、有A、B、C、D 4种元素，A的原子核外有三个电子层，且第三电子层上的电子数比第二层上的电子数少1；B元素的某氧化物分子组成为BO_3，其中B元素与氧元素的质量比为2∶3，且B原子核内的质子数与中子数相等；C^{2-}和D^+的电子层结构与氖原子相同。

1. 写出上述四种元素的元素符号：A ________，B ________，C ________，D ________。

2. B元素形成常见单核离子的化学式为____________；由该离子形成的常见化合物，如____________（任写一个符合要求的化学式）。

3. 已知A元素的单质能与碘化钾（KI）溶液发生反应，生成A元素的无氧酸盐和碘单质（I_2），这一反应的化学方程式为__________________________。

任务评价

目标	评价要素	评价标准	评价依据	考核方式			得分	权重
				自评 20%	互评 20%	师评 60%		
知识	基本知识	1. 掌握的知识点 2. 完成书面作业 3. 分析和解决问题	1. 个人作业 2. 课堂笔记 3. 课堂练习 4. 项目测试					35%

续表

<table>
<tr><th rowspan="2">目标</th><th rowspan="2">评价要素</th><th rowspan="2">评价标准</th><th rowspan="2">评价依据</th><th colspan="3">考核方式</th><th rowspan="2">得分</th><th rowspan="2">权重</th></tr>
<tr><th>自评
20%</th><th>互评
20%</th><th>师评
60%</th></tr>
<tr><td>能力</td><td>基本技能</td><td>1. 会画原子结构示意图
2. 知道核外电子排布的规律
3. 会书写电子式和离子式，能准确描述元素周期律
4. 掌握元素周期表的结构及周期和族的特性
5. 掌握主族元素性质的递变规律</td><td>1. 课堂练习
2. 技能测试
3. 实验(实训)报告</td><td></td><td></td><td></td><td></td><td>50%</td></tr>
<tr><td rowspan="3">情感与素质</td><td>学习态度</td><td>1. 出勤情况
2. 遵章守纪
3. 主动学习
4. 完成作业
5. 独立探究问题</td><td>1. 考勤表
2. 同学及教师观察
3. 课堂笔记
4. 课前准备
5. 个人或小组作业</td><td></td><td></td><td></td><td></td><td>5%</td></tr>
<tr><td>沟通协作管理</td><td>1. 信息搜集与加工
2. 分工协作
3. 观点表达
4. 理解沟通</td><td>1. 乐于请教和帮助同学
2. 小组活动协调和谐
3. 协助教师教学管理
4. 同学及教师观察</td><td></td><td></td><td></td><td></td><td>5%</td></tr>
<tr><td>创新精神</td><td>1. 创新思维
2. 创新技能</td><td>1. 自主学习计划
2. 个人口头或书面提议
3. 协作完成创新作品</td><td></td><td></td><td></td><td></td><td>5%</td></tr>
<tr><td colspan="7">总计</td><td></td><td></td></tr>
</table>

项目二

化学基本量及计算

任务一　学习有关物质的量计算

任务目标

1. 会描述物质的量的概念。
2. 会描述物质的量、阿佛加德罗常数与物质基本单元数之间的关系。
3. 会物质的量、物质的摩尔质量与物质质量之间的计算。

任务引入

分子、原子、离子等微粒很小，难以称量，为了研究和计算方便，1971 年，第十四届国际计量大会决定在国际单位制中引入第七个基本物理量——物质的量（见表 2-1-1）。

表 2-1-1　国际单位制

量的名称	单位名称	单位符号
长度	米	m
质量	千克	kg
时间	秒	s
热力学温度	开尔文	K
电流	安培	A
发光强度	坎德拉	cd
物质的量	摩尔	mol

知识与技能准备

一、物质的量

定义：物质的量是表示物质基本单元数目多少的物理量，基本单元可以是原子、分子、离子、电子等微粒。

单位：摩尔（mol），用符号 n 表示。

1mol 物质中含有多少基本单元数呢？用摩尔表示时，必须指明基本单元名称（如原子、分子、离子等）。例如：

1mol 的氢原子约含有 6.02×10^{23} 个氢原子；

1mol 的氢分子约含有 6.02×10^{23} 个氢分子；

1mol 的氢离子约含有 6.02×10^{23} 个氢离子。

结论：

1. 阿佛加德罗定律

1mol 任何物质所含的基本单元数与 12g ^{12}C 所含的原子数目相等。实验测得，12g ^{12}C 含有阿佛加德罗常数个碳原子，用符号 N_A 表示，$N_A\approx6.02\times10^{23}\,mol^{-1}$。

2. 物质的量与基本单元数间的关系

物质的量＝物质的基本单元数目／阿佛加德罗常数

$$n=\frac{N}{N_A}$$

二、物质的摩尔质量

定义：1mol 的物质所具有的质量叫做该物质的摩尔质量。

单位：g/mol，用符号 M 表示。任何物质的摩尔质量在数值上等于其基本单元化学式的相对质量。电子的质量极其微小，失去或得到的电子质量可以忽略不计。

例如：1mol ^{12}C 原子的质量是 12g，即它的摩尔质量 $M(C)=12g/mol$；

氧气的摩尔质量是 $M(O_2)=32g/mol$；

水的摩尔质量是 $M(H_2O)=18g/mol$；

氢氧根离子的摩尔质量是 $M(OH^-)=17g/mol$。

三、有关物质的量的计算

物质的量、物质的质量和摩尔质量之间的关系可用下式表示：

$$n=\frac{m}{M}$$

例 1 计算 90g 水中

（1）物质的量是多少？（2）约含有多少个水分子？（3）含多少摩尔氢原子和氧原子？

解 已知 $m=90g, M(H_2O)=18g/mol$

$$n=\frac{m(H_2O)}{M(H_2O)}=90g\div18g/mol=5mol$$

$$\begin{aligned}N(H_2O)&=n(H_2O)N_A\\&=5mol\times6.02\times10^{23}mol^{-1}\\&=3.01\times10^{24}(个)\end{aligned}$$

$$N(H)=2n(H_2O)=2\times5mol=10mol$$

$$N(O)=n(H_2O)=5mol$$

答：90g 水的物质的量是 5mol，含有 3.01×10^{24}（个）水分子，含有 10mol 氢原子和 5mol 氧原子。

例 2　0.5mol NaOH 的质量是多少克？

解

$$m(NaOH)=n(NaOH)\times M(NaOH)$$
$$=0.5mol\times40g/mol$$
$$=20g$$

答：0.5mol NaOH 的质量是 20g。

任务实施

1. 5mol 的 H_3PO_4 中含氢原子、磷原子、氧原子各多少摩尔？

2. 19.6g 硫酸的物质的量是多少？

3. 6.02×10^{23} 个水分子约相当于（　　）mol 水分子？

4. 0.1mol H_2 中，含有（　　）mol H 原子？

阅读材料

化学家——阿佛加德罗

阿佛加德罗（1776—1856）意大利自然科学家。1776 年 8 月 9 日生于都灵的一个贵族家庭，早年致力于法学工作。1792 年入都灵大学学习法学，1796 年获法学博士学位。1796 年获得法学博士后曾任地方官吏，1809 年任末尔利学院自然哲学教授，1819 年当选院士。他还担任过意大利度量衡学会会长，由于他的努力，使公制在意大利得到推广。

1811 年他发现了阿佛加德罗定律，即在标准状况（0℃，1 个标准大气压，即 1.01325×10^5 Pa），同体积的任何气体都含有相同数目的分子，而与气体的化学组成和物理性质无关。它对科学的发展，特别是原子量的测定工作，起了重大的推动作用。此后，又发现了阿佛加德罗常数，即，1mol 的任何物质的分子数都为 6.023×10^{23}。他的发现当时没有引起化学家的注意，以致在原子与分子、原子量与分子量的概念上继续混乱了近 50 年。直至他去世后 2 年，康尼查罗指出应用阿佛加德罗理论可解决当时化学中的许多问题，以及 1860 年在卡尔斯鲁厄重新宣读了他的论文之后，他的理论才被许多化学家所接受。1871 年迈尔应用阿佛加德罗定律从理论上成功地解释了蒸气密度的特性问题。

任务二　学习物质的量浓度的计算及配制一定物质的量浓度的溶液

任务目标

1. 准确描述物质的量浓度的概念。

2. 会计算物质的量浓度。

3. 会物质的量浓度、当量浓度与滴度间的换算。

4. 会正确使用容量瓶，并会配制一定物质的量浓度的溶液。

任务引入

溶液的浓度常用质量分数来表示，在实际生产和科研中，常用物质的量浓度来表示，在盐碱企业常用滴度表示溶液的浓度。

知识与技能准备

一、物质的量浓度

定义：单位体积溶液中所含溶质的物质的量叫做溶质的物质的量浓度。

单位为 mol/L，用符号 c 表示。

表达式为：

$$c=\frac{n}{V}$$

二、有关物质的量浓度的计算

例 1 将 3.4g NaCl 溶于水配制成 500mL 的溶液，求该溶液的浓度。

解

$$n=\frac{m(\mathrm{NaCl})}{M(\mathrm{NaCl})}=3.4\mathrm{g}\div 58.5\mathrm{g/mol}=0.06\mathrm{mol}$$

$$c=\frac{n(\mathrm{NaCl})}{V(\mathrm{NaCl})}=0.06\mathrm{mol}\div 0.5\mathrm{L}=0.12\mathrm{mol/L}$$

答：该溶液的浓度为 0.12mol/L。

例 2 配制 500mL 0.1mol/L 的 NaOH 溶液，需要称取多少克 NaOH？

解

$$n=cV=0.1\mathrm{mol/L}\times 0.5\mathrm{L}=0.05\mathrm{mol}$$

$$m=nM=0.05\mathrm{mol}\times 40\mathrm{g/mol}=2\mathrm{g}$$

答：需要称量 NaOH 2g。

物质的量浓度 c、质量分数 ω 之间的换算

$$c=\frac{1000\rho w}{M}$$

例 3 质量分数为 0.37、密度为 1.19g/mL 的 HCl 溶液的物质的量浓度是多少？

解

$$c=\frac{1000\rho w}{M}$$

$$=1000\times 0.37\times 1.19\mathrm{g/mL}\div 36.5\mathrm{g/mol}=12.06\mathrm{mol/L}$$

答：HCl 溶液的物质的量浓度是 12.06mol/L。

三、溶液的配制

配制浓度为 0.1mol/L 氢氧化钠溶液 500mL。

1. 仪器和药品

容量瓶（500mL）、烧杯（250mL）、量筒（100mL）、玻璃棒、胶头滴管、托盘天平、药匙、称量纸等。

2. 操作过程

（1）计算：$m=cVM=0.1\text{mol/L}\times0.5\text{L}\times40\text{g/mol}=2\text{g}$。

（2）称量：在天平上称取 2g 固体氢氧化钠。

（3）溶解：用蒸馏水溶解烧杯中的氢氧化钠。

（4）移液：将烧杯中的溶液用玻璃棒转移到容量瓶中，并洗涤烧杯 2～3 次，洗液注入容量瓶中，平摇。

（5）定容：加蒸馏水至容量瓶刻度 2～3cm 处，用胶头滴管滴加至溶液的凹面与刻度相切。

（6）摇匀：塞紧瓶塞，反复摇匀，贴标签，备用。

四、有关溶液稀释的计算

稀释定律：溶液稀释前后溶液的质量、体积和浓度都发生了变化，但溶质的物质的量不变，即：

$$c_1V_1=c_2V_2$$

例 4　实验室要配制 3mol/L 的 H_2SO_4溶液 3L，需要 18mol/L 的 H_2SO_4溶液多少毫升？

解

$$c_1V_1=c_2V_2$$

$$18\text{mol/L}\times V_1=3\text{mol/L}\times3$$

$$V_1=0.5\text{L}=500\text{mL}$$

答：需要 18mol/L 的 H_2SO_4溶液 500mL。

任务实施

1. 在实验室里使稀盐酸与锌反应，在标准状况下生成氢气 3.36L，计算需要消耗稀盐酸和锌的物质的量各为多少？

2. 把含 $CaCO_3$质量分数为 0.9 的大理石 100g 与足量的 HCl 反应（杂质不反应），在标准状况下能生成 CO_2多少毫升？

3. 中和 4g NaOH，用去了 25mL 的 HCl，这种 HCl 的物质的量浓度是多少？

4. 配制 0.1mol/L Na_2CO_3溶液。

任务三　学习有关气体摩尔体积的计算

任务目标

1. 会叙述气体的摩尔体积。

2. 会叙述气体标准摩尔体积与气体体积之间的关系。

3. 会计算标准状况下的气体体积。

任务引入

1mol的固态或液态物质的体积不同，因为构成它们微粒间的距离是很小的，1mol固态或液态物质的体积取决于原子、分子或离子的大小。气体的体积与温度和压力有关，比较气体体积的大小，必须在什么样的情况下进行？

知识与技能准备

一、气体的摩尔体积

定义：在标准状况（273.15K，101325Pa）下，1mol任何气体所占的体积都约为22.4L，这个体积叫做气体摩尔体积。

单位：L/mol，用符号$V_{m,0}$表示，即$V_{m,0}=22.4L/mol$。

热力学温度	$T=(t+273.15)K$
压力	$p=101325Pa=1atm=760mmHg$

标准状况下气体的摩尔体积、气体占有的体积（V_0，常用单位L）、物质的量三者之间的关系

$$V_{m,0}=\frac{V_0}{n}$$

在同温同压下，相同体积的任何气体都含有相同数目的分子，这就是阿佛加德罗定律。同温同压下，n越大，则分子数越多，气体的体积就越大。

二、有关气体的摩尔体积的计算

例 5.5g氨气在标准状况下的体积是多少升？

解 $V_0=nV_{m,0}$

$=5.5g\div17g/mol\times22.4L/mol$

$=7.25L$

答：5.5g氨气在标准状况下的体积是7.25L。

20℃时1mol某些固态或液态物质的体积见表2-3-1。

表2-3-1 20℃时1mol某些固态或液态物质的体积

物质	碳	铝	铁	水	硫酸	蔗糖
体积/cm^3	3.4	10	7.1	18	4.1	215.5

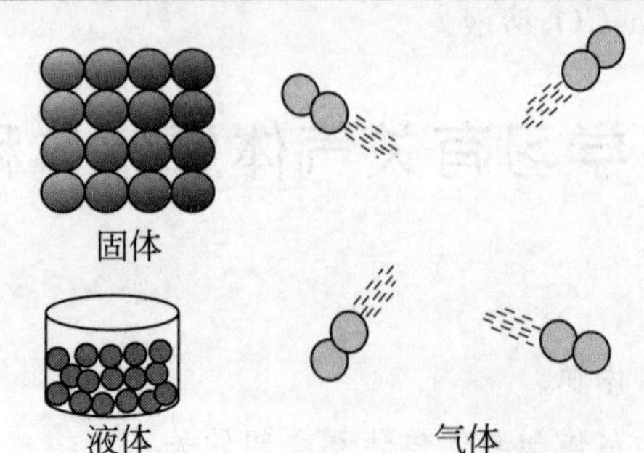

为什么 1mol 固体、液体的体积各不相同？而 1mol 气体在标准状况下所占有的体积都相同呢？

影响气体物质体积的因素主要是气体分子间有较大的距离。在通常情况下，气体分子间的平均距离（约 4×10^{-9}m）是分子直径（约 4×10^{-10}m）的 10 倍左右。由此可知，气体体积主要取决于分子间的平均距离，而不像液体或固体那样，体积取决于微粒的大小。由于在同温、同压下，不同气体分子间的平均距离几乎是相等的。

结论：

在标准状况下，1mol 不同气体所占的体积都相等，都约为 22.4L。

1. 17.6g CH_4、CO_2在标准状况下各占多少升？

2. 在标准状况下，多少克 CO_2与 9.6g O_2所占的体积相同？

3. 标准状况下，100mL 某种气体的质量是 0.196g，那么该气体的式量为多少？

复　习　题

一、选择题

1. 在下列各组物质中，所含分子数目相同的是（　　）。

A. 10g H_2和 10g O_2

C. 5.6L N_2（标准状况）和 11g CO_2

B. 9g H_2O 和 0.5mol Br_2

D. 224mL H_2（标准状况）和 0.1mol N_2

2. 相同质量的镁和铝所含的原子个数比为（　　）。

A. 1∶1　　B. 24∶27　　C. 9∶8　　D. 2∶3

3. 3.2g 某气体中所含的分子数目约为 3.01×10^{22}，此气体的摩尔质量为（　　）。

A. 32g　　B. 32g/mol　　C. 64mol　　D. 64g/mol

4. 在下列物质中，与 6g $CO(NH_2)_2$的含氮量相同的物质是（　　）。

A. 0.1mol $(NH_4)_2SO_4$　　B. 6g NH_4NO_3

C. 22.4L NO_2（标准状况）　　D. 0.1mol NH_3

5. 等质量的 SO_2和 SO_3（　　）。

A. 所含氧原子的个数比为 2∶3

B. 所含硫原子的个数比为 1∶1

C. 所含氧元素的质量比为 5∶6

D. 所含硫元素的质量比为 5∶4

6. 在相同条件下，A 容器中的 H_2和 B 容器中的 NH_3所含的原子数目相等，则两个容器的体积比为（　　）。

A. 1∶2　　　B. 1∶3　　　C. 2∶3　　　D. 2∶1

7. 在相同体积、相同物质的量浓度的酸中，必然相等的是（　　）。

A. 溶质的质量　　　B. 溶质的质量分数

C. 溶质的物质的量　　　D. 氢离子的物质的量

8. 密度为 1.84g/mol、质量分数为 0.98 的浓硫酸的物质的量浓度是（　　）。

A. 18.8mol/L　　　B. 18.4mol/L　　　C. 18.4mol　　　D. 18.8mol

9. 物质的量浓度相同的 NaCl、$MgCl_2$、$AlCl_3$ 三种溶液，当溶液的体积比为 3∶2∶1 时，三种溶液中 Cl^- 的物质的量浓度之比为（　　）。

A. 1∶1∶1　　　B. 1∶2∶3

C. 3∶2∶1　　　D. 3∶4∶3

10. 物质的量相同的镁和铝跟足量的盐酸反应，生成的 H_2 在标准状况下的体积比是（　　）。

A. 1∶1　　　B. 2∶3　　　C. 3∶2　　　D. 65∶27

二、判断题

1. 某物质如果含有阿佛加德罗常数个基本单元，则该物质的质量就是 1mol。（　　）

2. 标准状况下，1mol 任何物质所占的体积都约为 22.4L。（　　）

3. 标准状况下，体积相同的任何气体所含分子数都相同，即物质的量相同。（　　）

4. 22.4L O_2 中一定含有 6.02×10^{23} 个氧原子。（　　）

5. 将 80g NaOH 溶于 1L 水中，所得溶液中 NaOH 的物质的量浓度为 2mol/L。（　　）

6. 18g H_2O 在标准状况下的体积是 0.018L。（　　）

7. 在标准状况下，20mL NH_3 跟 60mL O_2 所含的分子个数比为 1∶3。（　　）

8. 硫酸的摩尔质量是 98。（　　）

9. 71g 氯相当于 2mol 氯。（　　）

10. 2mol HCl 与 Na_2CO_3 完全反应，能生成 18g 水。（　　）

三、计算题

1. 0.5mol 的 H_3PO_4 中含氢原子、磷原子、氧原子各多少摩尔？

2. 19.6g 硫酸的物质的量是多少？

3. 多少克 H_2S 与 8.8g CO_2 所含的分子数目相同？

4. 在 2L 容器里装有 N_2、H_2，容器内混合气体的压力为 30kPa，温度为 27℃，其中 $n(N_2)$ 为 0.02mol，那么 H_2 的物质的量是多少？H_2 的分压是多少？

5. 质量分数为 0.37、密度为 1.19g/mL 的 HCl 溶液的物质的量浓度是多少？

6. 欲将 100mL 1.5mol/L NaOH 溶液稀释至 500mL，问该溶液浓度变为多少？

7. 将密度为 1.19g/mL、质量分数为 0.37 的浓 HCl 25mL 稀释成 2L。

(1) 求 25mL 浓 HCl 的浓度。

(2) 求稀释后 HCl 的浓度。

8. 加热分解 49g $KClO_3$，反应完全后，可以得到多少摩尔的氧气，其在标准状况下的体积将是多少升？

9. 在标准状况时，含有 2.408×10^{24} 个 CO_2 分子的气体，所占有的体积是多少升？其质量为多少克？

10. 实验室用锌跟足量的稀硫酸反应制取氢气，若要制得 2.5L（标准状况）氢气，需要多少摩尔锌？同时要消耗 20%的硫酸（$\rho=1.14g/cm^3$）多少毫升？

任务评价

目标	评价要素	评价标准	评价依据	考核方式			得分	权重
				自评 20%	互评 20%	师评 60%		
知识	基本知识	1. 掌握的知识点 2. 完成书面作业 3. 分析和解决问题	1. 个人作业 2. 课堂笔记 3. 课堂练习 4. 项目测试					35%
能力	基本技能	1. 叙述物质的量、阿佛加德罗常数与物质基本单元数之间的关系 2. 会物质的量、物质的摩尔质量与物质质量之间的计算 3. 会物质的量浓度的计算、配制一定物质的量浓度的溶液 4. 会有关气体摩尔体积的计算	1. 课堂练习 2. 技能测试 3. 实验(实训)报告					50%
情感与素质	学习态度	1. 出勤情况 2. 遵章守纪 3. 主动学习 4. 完成作业 5. 独立探究问题	1. 考勤表 2. 同学及教师观察 3. 课堂笔记 4. 课前准备 5. 个人或小组作业					5%
	沟通协作管理	1. 信息搜集与加工 2. 分工协作 3. 观点表达 4. 理解沟通	1. 乐于请教和帮助同学 2. 小组活动协调和谐 3. 协助教师教学管理 4. 同学及教师观察					5%
	创新精神	1. 创新思维 2. 创新技能	1. 自主学习计划 2. 个人口头或书面提议 3. 协作完成创新作品					5%
总计								

项目三

化学反应速率和化学平衡

任务一　探究影响化学反应速率的因素

任务目标

1. 记住化学反应速率的定义。
2. 知道催化剂的定义及用途。
3. 会叙述浓度、压力、温度等对化学反应速率的影响。
4. 能在实验或生产中选择合适的方法改变反应速率。
5. 能与他人合作学习。

任务引入

在日常生活中，哪些化学反应比较快，哪些化学反应比较慢？例如，真空包装食品可延长保质期，钢铁在潮湿的空气中发生腐蚀，火药爆炸等。

知识与技能准备

一、化学反应速率

在化学反应中通常用单位时间内反应物浓度的减少或生成物浓度的增加来表示化学反应速率，单位有 mol/(L·h)、mol/(L·min)、mol/(L·s) 等。

问题讨论

某反应反应物的浓度是 2mol/L，2min 后，其浓度为 0.4mol/L，该反应物的平均反应速率是多少？

该反应物的平均反应速率：

$$(2\text{mol/L}-0.4\text{mol/L})\div 2\text{min}=0.8\text{mol/(L}\cdot\text{min)}$$

二、探究影响化学反应速率的因素

化学反应速率的快慢，首先决定于反应物的性质。其次，浓度、温度、压力、催化

剂等外界条件对反应速率也有较大影响。能否改变条件使一个进行得较慢的反应变快，使一个进行得比较快的反应变慢呢？

1. 浓度对反应速率的影响

实验：不同浓度的硫代硫酸钠与硫酸的反应（相同温度）见表 3-1-1。

表 3-1-1　不同浓度的硫代硫酸钠与硫酸的反应（相同温度）

$Na_2S_2O_3$的体积/mL	$Na_2S_2O_3$的浓度/(mol/L)	H_2SO_4的浓度/(mol/L)	H_2SO_4的体积/mL	反应时间
10	0.1	0.1	5	
10	0.2	0.1	5	
10	0.4	0.1	5	
10	0.5	0.1	5	
10	1	0.1	5	

结论：

当其他外界条件都相同时，增大反应物的浓度，反应速率加快。即反应物的浓度越大，单位体积内分子、原子或离子的数目越多，它们之间接触碰撞的机会也越多，反应速率就越快。

2. 压力对反应速率的影响

对于气态物质，当温度一定时，一定量的气体的体积与其所受的压力成反比（见图 3-1-1）。

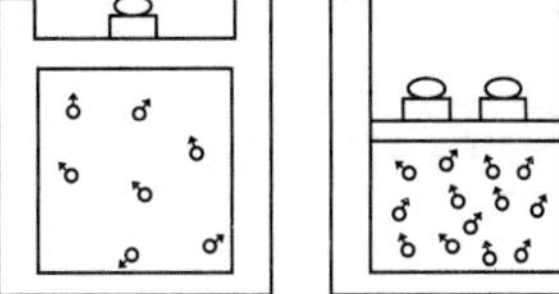

图 3-1-1　压力与反应速率的关系

结论：

改变压力的实质就是改变了反应物的浓度。增大压力，气体体积减小，单位体积内气体分子数增多，反应物浓度增大，化学反应速率加快。如果参加化学反应的物质是固体或液体，由于改变压力对它们体积改变的影响很小，因此可以认为压力与它们的反应速率无关。

3. 温度对反应速率的影响

实验：不同温度下的硫代硫酸钠与硫酸的反应见表 3-1-2。

表 3-1-2　不同温度下的硫代硫酸钠与硫酸的反应

$Na_2S_2O_3$的体积/mL	$Na_2S_2O_3$的浓度/(mol/L)	H_2SO_4的浓度/(mol/L)	H_2SO_4的体积/mL	温度/℃	反应时间
10	0.1	0.1	5	10	
10	0.1	0.1	5	20	
10	0.1	0.1	5	25	
10	0.1	0.1	5	30	
10	0.1	0.1	5	35	

结论：

温度升高，能加快化学反应速率。大量实验表明，温度每升高 10K，反应速率增加 2～4 倍。温度是分子动能的标志，当我们将温度升高的时候，分子的能量就提高了（物体内部大量分子做无规则运动所具有的能量叫分子动能）。分子的能量提高，可以表现为分子运动的速率加快了。当高速运动的分子相撞的时候，那么它们有效碰撞就要增加，真正发生化学反应的机会就增加了，最终导致化学反应速率增大。

实践告诉我们，温度变化对吸热反应的影响更大一些，温度变化对放热反应的影响就要相对小一些。

4. 催化剂对反应速率的影响

实验：H_2O_2的分解反应见表 3-1-3。

表 3-1-3 H_2O_2的分解反应

3%的 H_2O_2的体积/mL	催化剂	反应时间
5	不加	
5	加入	

结论：

凡能改变化学反应速率而它本身的组成、质量和化学性质在反应前后保持不变的物质叫做催化剂。H_2O_2的分解反应中加入催化剂，化学反应速率加快。

影响反应速率的外部因素很多，除了温度、浓度、压力、催化剂外，还有反应物颗粒大小、光、电磁波、超声波、激光、放射线、扩散速率及溶剂的性质等。

催化剂

催化剂在工业上也叫触媒。在催化剂作用下，反应速率发生变化的现象叫催化作用。能增大反应速率的催化剂叫正催化剂。能减小反应速率的催化剂叫阻催化剂，如橡胶中的防老剂。如没有特殊说明，都是指正催化剂。

酶是生物催化剂，是植物、动物和微生物产生的具有催化能力的有机物（绝大多数的蛋白质。但少量 RNA 也具有生物催化功能），旧称酵素。生物体的化学反应几乎都在酶的催化作用下进行。酶的催化作用同样具有选择性。例如，酶催化淀粉水解为糊精和麦芽糖，蛋白酶催化蛋白质水解成肽等。活的生物体利用它们来加速体内的化学反应。如果没有酶，生物体内的许多化学反应就会进行得很慢，难以维持生命。大约在 37℃的温度中（人体的温度），酶的工作状态是最佳的。如果温度高于 50℃或 60℃，酶就会被破坏掉而不能再发生作用。因此，利用酶来分解衣物上的污渍的生物洗涤剂，在低温下使用最有效。酶在生理学、医学、农业、工业等方面，都有重大意义。目前，酶制剂的应用日益广泛。例如，酶制剂在工业上可作催化剂使用，某些酶还是珍贵的药物。

1. 小实验：

在鸡蛋壳（主要成分为 $CaCO_3$）上，先后滴加 1mol/L 和 0.1mol/L 的 HCl 溶液，（ ）mol/L 的 HCl 溶液反应较快，理由是（ ），假如先后滴加同浓度的热盐酸和冷盐酸，（ ）盐酸反应快，理由是（ ）。

2. 为什么食品放入冰箱可以延长保鲜期？

3. 什么叫化学反应速率？影响化学反应速率的因素有哪些？

任务二 了解化学平衡及特点

任务目标

1. 知道可逆反应与不可逆反应的区别。
2. 知道化学平衡的特点。
3. 记住平衡常数的数学表达式，并知道其表达的意义。
4. 能自主学习，并具有一定的分析归纳问题的能力。

知识引入

物质的化学反应有快有慢，有些反应物转化的程度很低，甚至有些反应在一定情况下会逆向进行。

知识与技能准备

一、可逆反应与不可逆反应

1. 不可逆反应

有些化学反应一旦发生，反应物几乎全部转变成生成物，这些只能向一个方向单向进行的反应是不可逆反应。如氯酸钾的分解、金属锈蚀、岩石风化等。

2. 可逆反应

在同一条件下，能同时向两个方向进行的反应，叫可逆反应。化学方程式中用可逆符号（$\rightleftharpoons$），通常把化学反应式中向右进行的反应叫正反应，向左进行的反应叫逆反应。例如：

$$3H_2+N_2 \rightleftharpoons 2NH_3$$

二、化学平衡

问题讨论

合成氨反应是一可逆反应，$3H_2+N_2 \rightleftharpoons 2NH_3$，在 873K 和 2.0205×10^7 Pa 下将体积比为 1∶3 的氮、氢混合气体密闭于有催化剂的容器里进行反应，当混合气体中氨达到 9.2%，未反应的氮、氢气体为 90.8%时，反应似乎停止了。

因为存在着逆反应，开始反应时，反应物氮、氢浓度大，正反应速率快，逆反应速率为零。但当有 NH_3 生成后，逆反应立即发生。随着反应的进行，氮、氢的浓度逐渐降低，氨的浓度逐渐增大，正反应速率逐渐减慢，逆反应速率逐渐加快。最后，正、逆反应速率达到相等（见图 3-2-1）。即在单位时间内，由氮、氢合成的氨分子数等于单位时间内氨分解为氮、氢的分

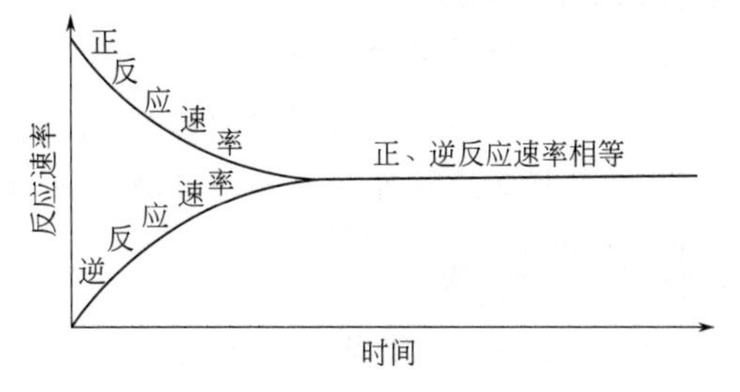

图 3-2-1 正、逆反应速率随时间的变化

子数。

结论：

可逆反应在一定的条件下，正反应和逆反应速率相等，反应体系中各物质的浓度保持不变的状态叫化学平衡状态（简称化学平衡）。

化学平衡的特征是：

“逆”“等”“定”“动”“变”，即在一定条件下，只有密闭容器体系中进行的可逆反应，才能建立化学平衡，化学反应的正、逆反应速率相等（$v_{正}=v_{逆}$）。

三、平衡常数

在一定温度下，可逆反应达到平衡时，生成物浓度幂的乘积与反应物浓度幂的乘积的比值是一个常数，这个常数叫做浓度平衡常数，简称平衡常数，用 K_C 来表示。

在一定温度下，任何可逆反应都可写作：

$$mA + nB \rightleftharpoons pC + qD$$

$$K_C = \frac{[C]^p\ [D]^q}{[A]^m\ [B]^n}$$

式中，[A]、[B]、[C]、[D] 分别表示反应物和生成物的浓度。

在平衡常数表达式中，浓度是指溶液或气体的浓度，不包括固体物质或纯液体。

平衡常数越大，表示达到平衡时生成物浓度越大，而反应物浓度越小，即正反应进行得越彻底。

任务实施

1. 写出下列可逆反应的平衡常数表达式

(1) $2NO+O_2 \rightleftharpoons 2NO_2$

(2) $2NH_3 \rightleftharpoons N_2+3H_2$

(3) $CO+H_2O\ (g) \rightleftharpoons H_2+CO_2$

2. 化学平衡的特征是什么？以合成氨为例，当改变外界条件时，平衡将发生怎样的改变？

任务三　探究影响化学平衡的因素

任务目标

1. 记住平衡移动的原理。

2. 概述影响化学平衡移动的因素。

3. 能根据反应条件判断某一可逆反应的方向。

任务引入

化学平衡是在一定条件下建立的，是一种相对的、动态的、暂时的平衡状态。如果改变外界条件如浓度、压力、温度等，平衡状态会发生怎样的变化呢？

知识与技能准备

一、化学平衡移动

因外界条件如浓度、压力、温度等的改变，使化学反应由原来的平衡状态转变到新的平衡状态的过程，称为化学平衡的移动。

二、探究影响化学平衡移动的因素

1. 浓度对化学平衡的影响

实验（见表 3-3-1），$FeCl_3$中滴加 KSCN 10 滴后将溶液分为 3 份进行实验。

表 3-3-1　改变浓度对化学平衡的影响

反应组数	$FeCl_3$的加入量	KSCN 的加入量	KCl 溶液的加入量	反应现象
1	保留不变	保留不变		红色
2		外加 20 滴		红色加深
3			10 滴	红色变淡

在化工生产中，可以采用增加反应物浓度或减少生成物浓度的方法，提高生产效率。例如，在硫酸工业中，常用过量的空气使 SO_2充分氧化，以生成更多的 SO_3。

2. 压力对化学平衡的影响

在可逆反应达到平衡状态时，改变压力对反应前后气体总体积（或气体分子总数）不等的化学平衡有影响。例如

$$3H_2+N_2 \rightleftharpoons 2NH_3$$

当其他条件不变时，增大压力，平衡向气体体积缩小（或气体分子总数减少）的正反应方向移动；减小压力，平衡向气体体积增大（或气体分子总数增加）的逆反应方向移动。对于反应前后气体总分子数相等的可逆反应，改变压力，平衡状态不受影响。

根据压力对化学平衡的影响，在化工生产上，常将某些反应在加压下进行，可以提高原料的转化率。例如，合成氨的生产过程中，改变系统压力，压力为 12～30MPa 有利于氨的生成。

3. 温度对化学平衡的影响

化学反应总是伴随着能量的变化，这种能量的变化，主要表现为其放热或吸热现象发生。如果可逆反应正向是放热反应，则其逆向必然是吸热反应（见图 3-3-1）。

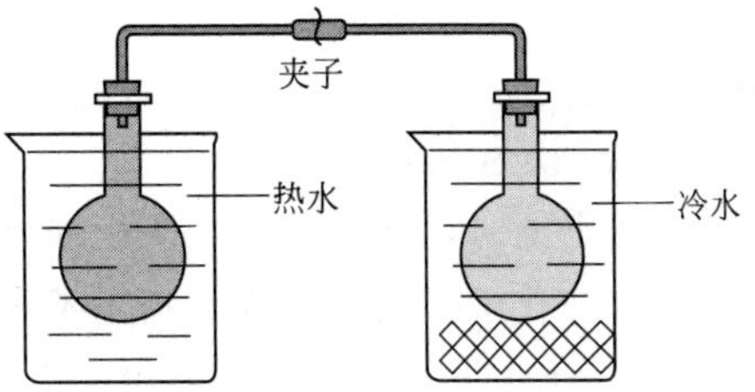

$$2NO_2\ (g) \rightleftharpoons N_2O_4\ (g)$$

夹子
热水
冷水

图 3-3-1　NO_2与 N_2O_4的反应平衡

放在热水中的混合气体受热颜色变深，说明二氧化氮（红棕色）浓度增大，即平衡向逆反应方向移动。放在冰水中的混合气体遇冷颜色变浅，说明四氧化二氮（无色）浓度增大，平衡向正反应方向移动。在其他条件不变时，升高温度，化学平衡向吸热反应

方向移动；降低温度，化学平衡向放热反应方向移动。

4. 催化剂对化学平衡的影响

催化剂同等程度改变正、逆反应速率，缩短了反应达到平衡的时间，但不能改变平衡状态。

由上述因素，得出平衡移动原理（勒夏特列原理）：若改变平衡体系中的条件之一，如浓度、压力、温度等，平衡就向着能减弱这个改变的方向移动。勒夏特列原理是一条普遍规律，它对于所有的动态平衡（包括物理平衡）都是适用的。

三、化学反应速率和化学平衡移动原理在化工生产中的应用

化学反应速率与化学平衡是化工生产中必然涉及的两个问题，从生产角度总是希望反应速率越快越好，产率越高越好，但实际两者有的时候作用是相同的，有的时候是相互矛盾的，这就需要综合考虑。

合成氨中催化剂的选用

目前认为，合成氨反应的一种可能机理，首先是氮分子在铁催化剂表面上进行化学吸附，使氮原子间的化学键减弱。接着是化学吸附的氢原子不断地跟表面上的氮分子作用，在催化剂表面上逐步生成$-NH$、$-NH_2$和NH_3，最后氨分子在表面上脱附而生成气态的氨。在无催化剂时，氨的合成反应的活化能很高，大约为335kJ/mol。加入铁催化剂后，反应以生成氮化物和氮氢化物两个阶段进行。第一阶段的反应活化能为126～167kJ/mol，第二阶段的反应活化能为13kJ/mol。由于反应途径的改变（生成不稳定的中间化合物），降低了反应的活化能，因而反应速率加快了。催化剂的催化能力一般称为催化活性。有人认为：由于催化剂在反应前后的化学性质和质量不变，一旦制成一批催化剂之后，便可以永远使用下去。实际上许多催化剂在使用过程中，其活性从小到大，逐渐达到正常水平，这就是催化剂的成熟期。接着，催化剂活性在一段时间内保持稳定，然后再下降，一直到衰老而不能再使用。活性保持稳定的时间即为催化剂的寿命，其长短因催化剂的制备方法和使用条件而异。

任务实施

1. 达平衡时，增大压力，平衡向（　　）移动；升高温度，平衡向（　　）移动。

2. 改变化学平衡的条件，指出平衡移动的方向。

（1）增加压力，平衡移动方向为（　　）。

（2）降低NH_3浓度，平衡移动方向为（　　）。

（3）加入催化剂，平衡移动方向为（　　）。

（4）降低温度，平衡移动方向为（　　）。

（5）增加N_2浓度，平衡移动方向为（　　）。

复 习 题

一、选择题

1. 对于密闭容器中进行的反应：$2SO_2 + O_2 \rightleftharpoons 2SO_3$ 如果温度保持不变，下列说法中正确的是（　　）。

A. 增加 SO_2 的浓度，正反应速率先增大，后保持不变

B. 增加 SO_2 的浓度，正反应速率逐渐增大

C. 增加 SO_2 的浓度，平衡常数增大

D. 增加 SO_2 的浓度，平衡常数不变

2. 下列说法中正确的是（　　）。

A. 可逆反应的特征是正反应和逆反应速率相等

B. 在其他条件不变时，升高温度可以使化学平衡向放热反应方向移动

C. 在其他条件不变时，增大压力会破坏有气体存在的反应的平衡状态

D. 在其他条件不变时，使用催化剂可以改变化学反应速率，但不能改变化学平衡状态

3. 对于达到平衡状态的可逆反应：$N_2 + 3H_2 \rightleftharpoons 2NH_3 + Q$，下列叙述中正确的是（　　）。

A. 反应物和生成物的浓度相等

B. 反应物和生成物的浓度不再发生变化

C. 降低温度，平衡混合物中 NH_3 的浓度减小

D. 增大压力，不利于氨的合成

4. 将 1mol N_2 和 3mol H_2 充入一密闭容器中，在一定条件下反应达到平衡状态，平衡状态是指（　　）。

A. 整个体积缩为原来的 1/2

B. NH_3 的生成速率等于 NH_3 的分解速率

C. 正、逆反应速率为零

D. N_2、H_2、NH_3 的体积比为 1∶3∶2

5. 反应 $A(g) + 3B(g) \rightleftharpoons 2C(g) + 2D(g)$，在不同情况下测得反应速率，其中反应速率最快的是（　　）。

A. $v(D) = 0.4mol/(L \cdot s)$　　B. $v(C) = 0.5mol/(L \cdot s)$

C. $v(B) = 0.6mol/(L \cdot s)$　　D. $v(A) = 0.15mol/(L \cdot s)$

6. 可逆反应 $N_2 + 3H_2 \rightleftharpoons 2NH_3$ 的正逆反应速率可用各反应物或生成物浓度的变化来表示。下列关系中能说明反应已达到平衡状态的是（　　）。

A. $v_{正}(N_2) = v_{逆}(NH_3)$　　B. $3v_{正}(N_2) = v_{正}(H_2)$

C. $2v_{正}(H_2) = 3v_{逆}(NH_3)$　　D. $v_{正}(N_2) = 3v_{逆}(H_2)$

7. 一处于平衡状态的反应：$X(s) + 3Y(g) \rightleftharpoons 2Z(g)$，$\Delta H < 0$。为了使平衡向生成 Z 的方向移动，应选择的条件是（　　）。

①高温　②低温　③高压　④低压　⑤加催化剂　⑥分离出 Z

A. ①③⑤　　B. ②③⑤　　C. ②③⑥　　D. ②④⑥

8. 同质量的锌与盐酸反应，欲使反应速率增大，选用的反应条件正确的组合是（　）。

反应条件：①锌粒②锌片③锌粉④5%盐酸⑤10%盐酸⑥15%盐酸⑦加热⑧用冷水冷却⑨不断振荡⑩迅速混合后静置

A. ③⑥⑦⑨　　B. ③⑤⑦⑨　　C. ①④⑧⑩　　D. ②⑥⑦⑩

9. 一般都能使反应速率加快的方法是（　）。

①升温　②改变生成物浓度　③增加反应物浓度　④加压

A. ①②③　　B. ①③　　C. ②③　　D. ①②③④

10. 在一定温度下，将等量的气体分别通入起始体积相同的密闭容器Ⅰ和Ⅱ中，使其发生反应，t_0 时容器Ⅰ中达到化学平衡，X、Y、Z 的物质的量的变化如图所示。则下列有关推断正确的是（　）。

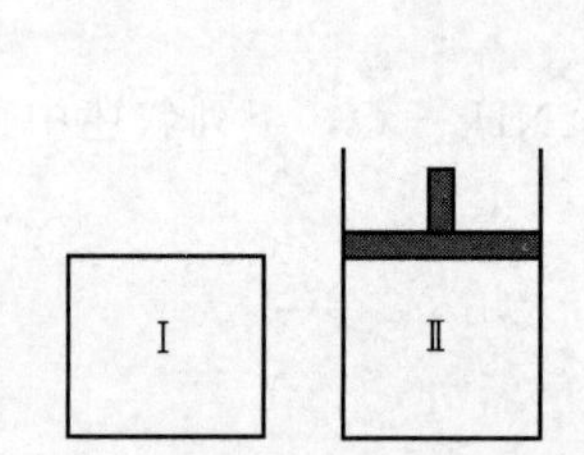

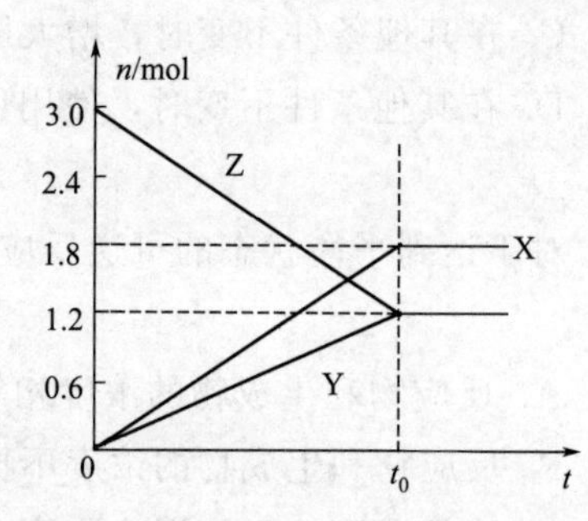

A. 该反应的化学方程式为：$3X+2Y \rightleftharpoons 2Z$

B. 若两容器中均达到平衡时，两容器的体积 $V(Ⅰ)<V(Ⅱ)$，则容器Ⅱ达到平衡所需时间大于 t_0

C. 若两容器中均达到平衡时，两容器中 Z 的物质的量分数相同，则 Y 为固态或液态

D. 若达平衡后，对容器Ⅱ升高温度时其体积增大，说明 Z 发生的反应为吸热反应

二、写出下列反应的平衡常数表达式

1. $C(s)+CO_2$

2. $C(s)+H_2O(g)$

3. $H_2+CuO(s)$

三、对于可逆反应 $C(s)+H_2O(g) \rightleftharpoons CO+H_2-Q$，下列说法是否正确，说明原因。

1. 达到平衡时，各反应物和生成物的浓度相等。

2. 加入催化剂可以缩短反应达到平衡的时间。

3. 由于反应前后分子数目相等，所以增加压力对平衡没有影响。

四、综合题

某化学研究性学习小组在研究氨氧化制硝酸的过程中，查到如下资料：

① 氨气催化氧化为 NO 的温度在 600℃左右。

② NO 在常压下，温度低于 150℃时，几乎 100%氧化成 NO_2。高于 800℃时，则

大部分分解为 N_2。

③ NO_2 在低温时，容易聚合成 N_2O_4，$2NO_2 \rightleftharpoons N_2O_4$，此反应能很快建立平衡，在21.3℃时，混合气体中 N_2O_4 占84.1%，在150℃左右，气体完全由 NO_2 组成。高于500℃时，则分解为NO。

④ NO与 NO_2 可发生下列可逆反应：$NO+NO_2 \rightleftharpoons N_2O_3$，$N_2O_3$ 很不稳定，在液体和蒸气中大部分离解为NO和 NO_2，所以在NO氧化为 NO_2 过程中，N_2O_3 只含有很少一部分。

⑤ 亚硝酸只有在温度低于3℃和浓度很小时才稳定。

试问：1. 在NO氧化为 NO_2 的过程中，还可能有哪些气体产生？

2. 在工业制硝酸的第一步反应中，氨的催化氧化需要过量的氧气，但产物为什么主要是NO，而不是 NO_2？

3. 为什么在处理尾气时，选用氢氧化钠溶液吸收，而不用水吸收？

目标	评价要素	评价标准	评价依据	考核方式			得分	权重
				自评 20%	互评 20%	师评 60%		
知识	基本知识	1. 掌握的知识点 2. 完成书面作业 3. 分析和解决问题	1. 个人作业 2. 课堂笔记 3. 课堂练习 4. 项目测试					35%
能力	基本技能	1. 知道催化剂的定义及用途 2. 能在实验或生产中选择合适的方法改变反应速率 3. 会写出平衡常数的数学表达式并理解其意义 4. 掌握平衡移动的原理并依据反应条件判断某一可逆反应的方向	1. 课堂练习 2. 技能测试 3. 实验(实训)报告					50%
情感与素质	学习态度	1. 出勤情况 2. 遵章守纪 3. 主动学习 4. 完成作业 5. 独立探究问题	1. 考勤表 2. 同学及教师观察 3. 课堂笔记 4. 课前准备 5. 个人或小组作业					5%
	沟通协作管理	1. 信息搜集与加工 2. 分工协作 3. 观点表达 4. 理解沟通	1. 乐于请教和帮助同学 2. 小组活动协调和谐 3. 协助教师教学管理 4. 同学及教师观察					5%

续表

目标	评价要素	评价标准	评价依据	考核方式			得分	权重
				自评 20%	互评 20%	师评 60%		
情感与素质	创新精神	1. 创新思维 2. 创新技能	1. 自主学习计划 2. 个人口头或书面提议 3. 协作完成创新作品					5%
总计								

项目四

电解质溶液

任务一 探究电解质的强弱

任务目标

1. 知道电解质和非电解质、强电解质和弱电解质的概念。
2. 会解释电解质的解离过程，会写解离式。
3. 会叙述弱电解质的解离平衡。
4. 具有一定的分析归纳能力。

知识引入

我们已经有了电解质的初步概念，运用物质结构和化学平衡知识进一步学习电解质溶液的性质。

知识与技能准备

一、电解质和非电解质

1. 电解质

在水溶液中或熔化状态下，能够导电的化合物叫做电解质，如酸、碱、盐等。酸、碱、盐等在水溶液中或熔化状态下，能解离出自由移动的离子，故能导电。

2. 非电解质

在水溶液中或熔化状态下，不能导电的化合物叫做非电解质，如酒精、蔗糖、纯水等。

实验：将浓度均为 0.5mol/L 的等体积盐酸、醋酸、氢氧化钠、氯化钠及氨水五种溶液，按从左至右的顺序，分别倒入烧杯，连接好线路，接通好线路，接通电源，注意观察每个灯泡发光的明亮程度。比较电解质的导电能力实验如图 4-1-1 所示。

现象：连接在盐酸和氯化钠以及氢氧化钠溶液中电极上的灯泡比较亮，连接在醋酸和氨水中的电极上的灯泡亮度大大降低。

结论：盐酸、氢氧化钠和氯化钠的水溶液导电性比醋酸和氨水强。溶液导电性的强

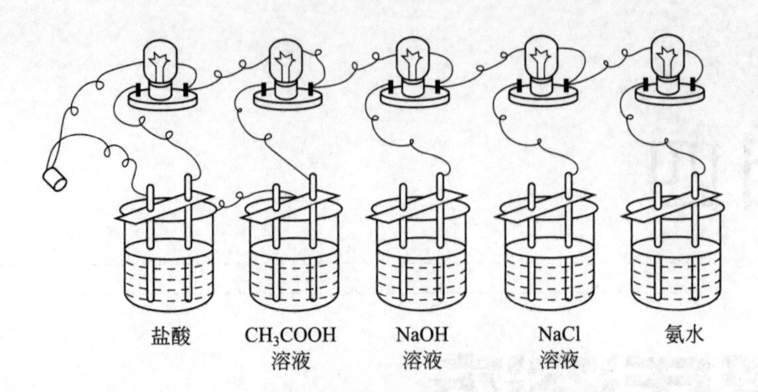

图 4-1-1　比较电解质的导电能力实验装置

弱与溶液中能自由移动的离子浓度大小有关，溶液中能自由移动的离子浓度越大，溶液的导电性就强；反之，溶液的导电性就弱。

为什么连接在盐酸和氯化钠溶液中电极上的灯泡较亮，醋酸和氨水溶液中电极上的灯泡较暗，连接在水中电极上的灯泡不亮。不同电解质在水溶液中的导电能力相同吗？

二、探究电解质的强弱

盐酸和氯化钠的水溶液导电性比醋酸和氨水强。溶液导电性的强弱与溶液中能自由移动的离子浓度的大小有关，溶液中能自由移动的离子浓度大，溶液的导电性就强；反之，溶液的导电性就弱。因此，对于相同体积、相同浓度的电解质溶液，导电性强的，溶液中能自由移动的离子浓度就大；导电性弱的，溶液中能自由移动的离子浓度就小。不同电解质在溶液中解离程度是不同的，不同电解质在溶液中解离程度是否相同由其自身的结构所决定。

1. 强电解质

在水溶液中或在熔融状态下能完全解离的电解质叫强电解质。溶液中能自由移动的离子浓度较大，大部分酸、碱、盐是强电解质，例如，盐酸、氯化钠等。

$$NaCl \longrightarrow Na^+ + Cl^-$$

$$HCl \longrightarrow H^+ + Cl^-$$

2. 弱电解质

在水溶液中只能部分解离的电解质叫弱电解质。溶液中只有一部分分子解离成离子，还有未解离的分子。例如，醋酸、氨水、水等。

$$H_2O \rightleftharpoons H^+ + OH^-$$

$$NH_3 \cdot H_2O \rightleftharpoons NH_4^+ + OH^-$$

三、弱电解质的解离平衡

1. 解离平衡

在一定条件（如温度、浓度）下，当电解质分子解离成离子的速率与离子重新结合成分子的速率相等时，未解离的分子和离子间就建立起动态平衡，这种平衡叫解离平衡。解离平衡具有化学平衡的一般特征。

2. 解离常数

当弱电解质达到解离平衡时，已解离的离子浓度的乘积与未解离的分子浓度的比值是一个常数，叫解离平衡常数（简称解离常数），用符号 K_i表示。

$$CH_3COOH \rightleftharpoons CH_3COO^- + H^+$$

$$K_i = \frac{[H^+][CH_3COO^-]}{[CH_3COOH]}$$

解离常数只与温度有关，而与浓度无关。

解离常数数值的大小，反映了弱电解质的相对强弱。解离常数越大，解离程度越大。

知识拓展

电导率及电导率测定仪

电导率

电解质溶液的电导与两极间的距离 l 呈反比，与电极面积 A 呈正比。

$$\kappa = G\frac{l}{A}$$

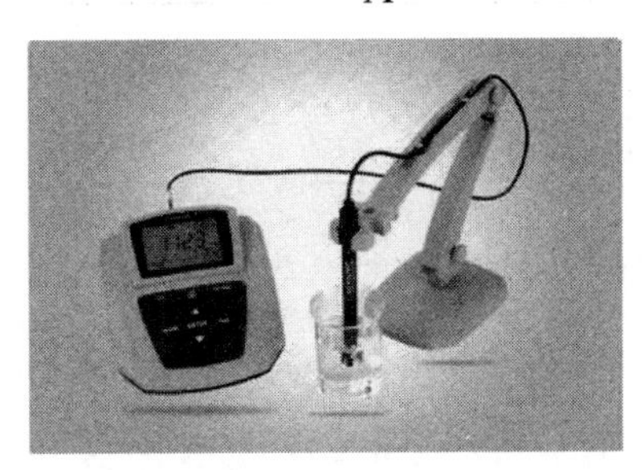

电导率测定仪，是一款多量程仪器，能够满足从去离子水到海水等多种应用检测要求。电导率测定仪能够提供自动温度补偿，并能设置温度系数，因此能够用于测量温度系数与水不同的液体样品。它能够提供三个量程并具有量程自动选择功能，能够在检测时自动选择最为合适的量程。

任务实施

1. 下列物质中哪些是电解质？哪些是非电解质？

糖、醋酸、氨水、乙醇、氢氧化钠、盐酸、固体氯化钠、无水硫酸。

2. 写出下列电解质的解离式：

$NaOH$、$Ba(OH)_2$、HF、$NH_3 \cdot H_2O$、HCN、H_2S、$Al_2(SO_4)_3$

任务二 探究溶液酸碱性的强弱

任务目标

1. 能准确判断溶液的酸碱性。

2. 熟记酸碱指示剂的变色范围。

3. 会计算或测定 pH。

4. 会解释盐类水解的实质及其酸碱性。

知识引入

你知道吗，机体中水和电解质广泛分布在细胞内外，参与体内许多重要的功能和代谢活动，电解质对正常生命活动的维持起着非常重要的作用。

知识与技能准备

溶液的电解实验装置如图 4-2-1 所示，观察小灯泡是否发光。若将小灯泡换成灵敏电流计，观察电流计的指针是否发生偏转？

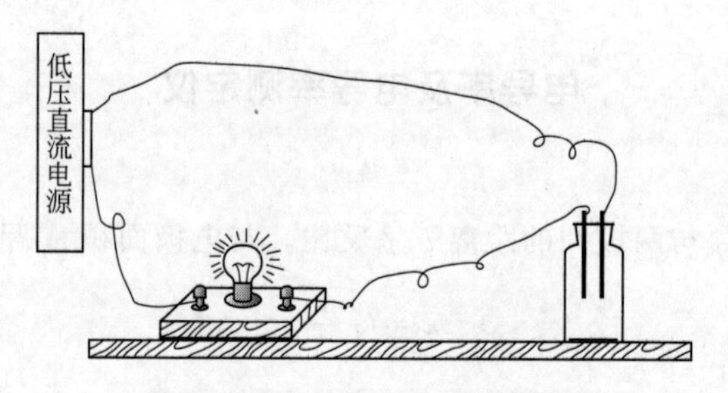

图 4-2-1 溶液的电解实验装置

实验表明，水是极弱的电解质。

一、水的解离和水的离子积

实验测得，在 298K 时，1L 纯水中只有约 1.0×10^{-7} mol 的水分子解离，一个水分子解离产生一个 H^+ 和一个 OH^-，即 $[H^+]=[OH^-]=1.0\times10^{-7}$ mol/L。当达到平衡时，有一个解离常数，用 K_w 表示。K_w 叫做水的离子积常数，简称为水的离子积。

$$K_w=[H^+][OH^-]$$

298K 时，水中 H^+ 浓度和 OH^- 浓度均为 1×10^{-7} mol/L。因此

$$K_w=1\times10^{-7}\times1\times10^{-7}=1\times10^{-14}$$

在常温范围内，一般 $K_w=1\times10^{-14}$。利用 K_w，可以计算酸或碱稀溶液中 H^+、OH^- 的浓度。

例 1 求 0.1mol/L 盐酸中氢氧根离子的浓度 $[OH^-]$。

解 盐酸是强电解质，它在溶液中完全解离，所以 $[H^+]=0.1$ mol/L

又因为 $[H^+][OH^-]=1.0\times10^{-14}$

所以 $[OH^-]=1.0\times10^{-14}\div0.1=1.0\times10^{-13}$ mol/L

答：该溶液中 $[OH^-]$ 为 1.0×10^{-13} mol/L。

二、探究溶液的酸碱性及 pH

用 pH 试纸测物质的 pH 实验如下：

物质	盐酸	氯化钠	氢氧化钠
pH			

常温时，由于水的解离平衡的存在，不仅在纯水中，而且在酸性或碱性的稀溶液中，$[H^+]$ 和 $[OH^-]$ 的乘积也总是一个常数。在酸性溶液中，$[H^+]$ 比 $[OH^-]$ 大；在碱性溶液中，$[H^+]$ 比 $[OH^-]$ 小；在中性溶液中，$[H^+]$ 与 $[OH^-]$ 相等。

1. 溶液的酸碱性

$[H^+]$ 越大，溶液的酸性越强；$[H^+]$ 越小，溶液的酸性越弱。溶液中的 $[H^+]$ 一般都很小，应用起来很不方便。在化学上通常用 $[H^+]$ 的负对数表示溶液酸碱性的强弱，叫做溶液的 pH。

$$pH=-\lg[H^+]$$

$$pOH=-\lg[OH^-]$$

常温下任何水溶液中，$[H^+][OH^-]=1\times10^{-14}$，可推出

$$pH+pOH=14$$

问题讨论

讨论 $[H^+]$、pH 与溶液酸碱性的关系如图 4-2-2 所示。

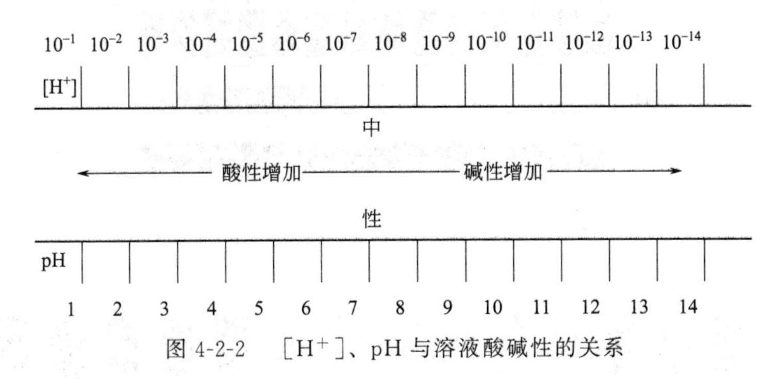

图 4-2-2 $[H^+]$、pH 与溶液酸碱性的关系

结论：

$[H^+]$ 越大，pH 越小，溶液的酸性越强；$[H^+]$ 越小，pH 越大，溶液的碱性越强。pH 是溶液酸碱性的量度，其应用范围在 0～14 之间。若超出此范围，直接用 H^+ 或 OH^- 浓度表示更方便。

例 2 常温下，纯水的 $[H^+]=1\times10^{-7}$ mol/L，计算纯水的 pH 为多少？

解 $pH=-\lg[H^+]$

$=-\lg(1\times10^{-7})$

$=7$

答：纯水的 pH=7。

2. 测定溶液 pH 常用的方法

（1）酸碱指示剂

某些有机弱酸或弱碱在不同 pH 的溶液中，能显示出不同颜色，通常用来指示溶液的酸碱性，称为酸碱指示剂。测定溶液酸碱性还可以用酸碱指示剂（或 pH 剂），酸碱指示剂测定酸碱性既经济又快速（见表 4-2-1）。

表 4-2-1 常见酸碱指示剂及其变色范围

指示剂	pH 变色范围
甲基橙	pH＜3.1,红色;pH＝3.1～4.4,橙色;pH＞4.4,黄色
甲基红	pH＜4.4,红色;pH＝4.4～6.2,橙色;pH＞6.2,黄色
石蕊	pH＜5.0,红色;pH＝5.0～8.0,紫色;pH＞8.0,蓝色
酚酞	pH＜8.2,无色;pH＝8.2～10.0,粉红色;pH＞10.0,红色

(2) pH 试纸

由多种酸碱指示剂的混合溶液浸制而成的试纸，称为 pH 试纸。

了解和测定 pH 在日常生产生活中意义重大，在化工生产中，许多化学反应必须在一定的 pH 的溶液中进行。在农业生产中，农作物一般适宜在 pH＝7 或接近 7 的土壤中生长。人体体液和代谢产物也都有正常的 pH 范围，人体血液的 pH 正常范围是 7.35～7.45。当 pH＜7.35 时，人体会出现酸中毒；而当 pH＞7.45 时，人体又表现为碱中毒；如果人体血液的 pH 偏离正常范围 0.4 个单位时，就会危及人的生命（见图 4-2-3和图 4-2-4)。

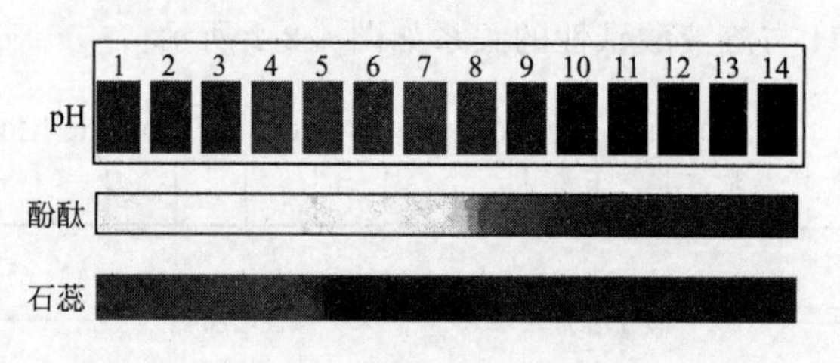

图 4-2-3 酚酞、石蕊的变色范围

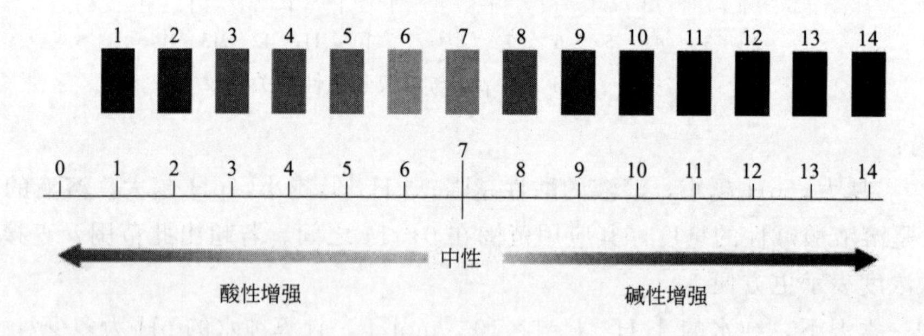

图 4-2-4 pH 试纸

(3) pH 计（酸度计）

若要精确确定溶液的 pH，则需用 pH 计（酸度计）pH 计是一种常用的仪器设备，主要用来精密测量液体介质的酸碱度。

知识拓展

pH 计

pH 计广泛应用于工业、农业、科研、环保等领域。该仪器也是食品厂、饮用水厂

HACCP认证中的必备检验设备。

常见食品的pH计

HACCP（Hazard Analysis and Critical Control Point）表示危害分析的临界控制点。确保食品在消费的生产、加工、制造、准备和食用等过程中的安全，在危害识别、评价和控制方面是一种科学、合理和系统的方法。

例3　计算0.01mol/L HCl溶液的pH。

解　$[H^+]=[HCl]=0.01mol/L$（水电离出的H^+很少，可以忽略不计）

$$pH=-\lg[H^+]$$
$$=-\lg 0.01$$
$$=2$$

答：0.01mol/L HCl溶液的pH为2。

三、盐类的水解

实验：用pH试纸判断表4-2-2中氯化钠、碳酸钠、氯化铵、醋酸铵溶液的酸碱性。

表4-2-2　物质的pH与酸碱性

溶液	$NaCl$	Na_2CO_3	NH_4Cl	CH_3COONH_4
pH				
酸碱性				

上述实验结果显示，盐溶液也具有酸碱性，例如，碳酸钠属于盐类，俗称纯碱。

分析盐溶液的酸碱性与生成该盐的酸和碱的强弱有什么关系？

1. 强酸弱碱盐的水解过程

$$NH_4Cl \longrightarrow NH_4^+ + Cl^-$$
$$H_2O \rightleftharpoons OH^- + H^+$$
$$NH_4^+ + OH^- \rightleftharpoons NH_4OH$$

铵根离子与水解离出来的氢氧根离子结合生成了弱电解质氨水，消耗了溶液中的氢氧根离子，从而破坏了水的解离平衡，随着溶液中氢氧根离子浓度的减少，水的解离平衡向右移动，氢离子浓度随之增大，直至建立新的平衡，结果溶液中 $[H^+] > [OH^-]$，从而使溶液显酸性。

NH_4Cl 水解的化学方程式

$$NH_4Cl + H_2O \rightleftharpoons NH_4OH + HCl$$

NH_4Cl 水解的离子方程式

$$NH_4^+ + H_2O \rightleftharpoons NH_4OH + H^+$$

2. 强碱弱酸盐的水解过程

$$CH_3COONa \longrightarrow CH_3COO^- + Na^+$$

$$H_2O \rightleftharpoons OH^- + H^+$$

$$CH_3COO^- + H^+ \rightleftharpoons CH_3COOH$$

醋酸根离子与水解离出来的氢离子结合生成了难电离的醋酸，消耗了溶液中的氢离子，从而破坏了水的解离平衡。随着溶液中氢离子浓度的减少，水的解离平衡向右移动，氢氧根离子浓度随之增大，直至建立新的平衡，结果溶液中 $[H^+] < [OH^-]$，从而使溶液显碱性。

CH_3COONa 水解的化学方程式

$$CH_3COONa + H_2O \rightleftharpoons CH_3COOH + NaOH$$

CH_3COONa 水解的离子方程式

$$CH_3COO^- + H_2O \rightleftharpoons CH_3COOH + OH^-$$

结论：

盐类水解的实质是盐溶于水后，盐解离出来的离子与水解离出来的少量 H^+ 或 OH^- 结合，生成弱电解质的过程，称为盐类的水解。

盐类的水解使溶液中 H^+ 和 OH^- 的浓度不再相等，盐溶液便呈现出一定的酸碱性。盐类水解后生成酸和碱，所以盐类的水解反应可以看作是酸碱中和反应的逆反应（酸+碱$\rightleftharpoons$盐+水）。

四、影响盐类水解的因素

盐类水解程度的大小，主要取决于盐的本质。生成盐类的酸或碱越弱或越难溶于水，则水解程度越大，甚至完全水解。例如，Al_2S_3 的水解是完全水解。

$$Al_2S_3 + 6H_2O \rightleftharpoons 2Al(OH)_3\downarrow + 3H_2S\uparrow$$

盐类水解的因素还与温度、浓度、酸度等有关。由于水解的结果是生成 H^+ 或 OH^-，所以加入酸、碱可以抑制或促进水解。如实验室配制 $FeCl_3$ 溶液时，由于强酸弱碱盐水解而得到浑浊溶液。

$$FeCl_3 + 3H_2O \rightleftharpoons Fe(OH)_3\downarrow + 3HCl$$

因此，实际配制溶液时，为防止水解产生沉淀，通常要向溶液中加入一定量的盐酸。

苹果醋

苹果醋指以苹果汁经发酵而成的苹果原醋，再兑以苹果汁等原料而成的饮品。苹果原醋兑以苹果汁使得口味酸中有甜，甜中带酸，既消解了原醋的生醋味，还带有果汁的甜香，喝起来非常爽口。苹果醋能保健养生、改善疲劳、美容养颜。

苹果醋是采用二次发酵而成的，二次发酵通常指的是液态发酵。液态发酵的苹果原醋是以浓缩苹果汁或者鲜苹果汁为原料，先发酵成高纯度苹果酒，然后接入醋酸菌种进行醋酸发酵，把酒精代谢为醋酸。它与固态发酵不同，固态发酵是以苹果初加工时的下脚料，如果皮、果心、小果、落果等，先破碎，然后搅拌入麸皮，发酵酒精和发酵醋酸同时进行。苹果醋有很好的营养价值，它不仅有护肤作用，而且能解酒、保肝、防醉。

苹果醋果香浓郁，酸甜柔和，清爽可口，沁人肺腑。不含色素及防腐剂，富含天冬氨酸、丝氨酸、色氨酸等人体所需的氨基酸成分，以及磷、铁、锌等 10 多种矿物质，其中维生素 C 含量更是苹果的 10 倍之多。

苹果醋是一个口感呈酸性，在人体内代谢后呈碱性的饮料，它有中和鱼、肉、蛋、米、面等呈酸性食品的功能，并有利于各种营养素的保存和促进钙的吸收。呈酸性食物中大多含有钙、钾、镁、铁、钠、锰、锌等金属元素，像苹果、西红柿，虽入口有酸味，但这些有机酸在体内分解成二氧化碳和各种酸性盐而呈碱性，能够有效改善人体酸性体质，使人体呈弱碱性。碱性体质的人群较酸性体质的人群对病毒的免疫力更强。

果胶有利于肠道中有益菌的生长，有益菌能够产生人体必需的营养物质，如维生素 B 族（维生素 B_1、维生素 B_2、维生素 B_6、维生素 B_{12}、烟酸、泛酸）、维生素 K_2 等。果胶可促进脂肪、类固醇及胆汁的排泄，增加类固醇的排泄有利于降低与性激素有关癌症的患病率。果胶能够延缓肠道对糖、脂质的吸收，控制血糖升高。果胶摄入人体内吸水膨胀，体积可以是原来的 10 倍，容易使人产生饱感，并延迟胃的排空，可有效预防肥胖和减肥。果胶与其他纤维素不同，它不会影响人体对钙、镁、锌、铜等微量元素的吸收。果胶能吸附食物中的铅、镍、钴等重金属离子，且不能被消化液所消化，所以能够有效地排出体内毒素。

1. 将紫叶甘蓝浸泡成汁，用家中的醋、碱等物质做实验，观察实验现象并做记录。

2. 用 pH 试纸判断下列盐的类型及溶液的酸碱性。

$NaNO_3$、NH_4NO_3、Na_2CO_3、K_2S、$FeCl_3$、$NaClO$、$CuSO_4$、$BaCl_2$

3. 计算 0.05mol/L 硫酸溶液的 pH。

4. 计算 0.05mol/L 氢氧化钡溶液的 pH。

任务三　学会离子方程式的书写

任务目标

1. 记住离子方程式的概念。

2. 记住离子反应发生的条件。

3. 会写离子方程式。

4. 具备一定的分析归纳能力。

知识引入

物质之间的反应实质上是离子之间的交换，那么如何将化学方程式用离子的形式表示出来呢？

知识与技能准备

一、离子反应

实验：试管中加入 2mL 稀硫酸溶液，滴加 2～3 滴氯化钡溶液，观察现象。

白色 $BaSO_4$沉淀是由 Ba^{2+} 和 $SO_4{}^{2-}$ 形成的，可用下式表示：

$$Ba^{2+} + SO_4{}^{2-} \longrightarrow BaSO_4 \downarrow$$

结论：

电解质在溶液中可全部或部分地解离为离子，因此，电解质在溶液中的化学反应实质上是离子间的反应。离子反应就是有离子参加的反应。

二、离子方程式的书写

用实际参加反应的离子符号表示离子反应的式子叫做离子方程式。书写离子方程式时，必须熟知电解质的溶解性和它们的强弱。书写离子方程式的方法和步骤如下：

1. 写——正确写出化学方程式。

$$2AgNO_3 + CuCl_2 \longrightarrow 2AgCl \downarrow + Cu(NO_3)_2$$

2. 改——易溶于水的强电解质（强酸、强碱、可溶性盐）拆写成离子形式，难溶物、弱电解质、单质、气体、氧化物和非电解质写成化学式。上述方程式可改写为：

$$2Ag^+ + 2NO_3{}^- + Cu^{2+} + 2Cl^- \longrightarrow 2AgCl \downarrow + Cu^{2+} + 2NO_3{}^-$$

3. 删——等量删除方程式两边不参加反应的离子，将系数化成最简整数比。

$$Ag^+ + Cl^- \longrightarrow AgCl \downarrow$$

4. 检——检查离子方程式两边各元素的原子个数和电荷总量是否相等。

由此归纳出离子反应发生的条件，离子反应发生的条件实质上是复分解反应发生的条件，即

① 生成难溶物质；

② 生成易挥发物质；

③ 生成水或其他弱电解质。

负离子的作用

有文献报道，21 世纪大气中正离子与负离子比例约为 1.2∶1。近年来有关负离子对人体健康的作用的研究越来越受到人们的重视，许多在都市生活的老百姓都喜欢利用节假日到负离子丰富的森林或公园去吸收氧负离子，享受大自然的“恩赐”。

研究表明，负离子有明显扩张血管的作用，可解除动脉血管痉挛，达到降低血压的目的；负离子对于改善心脏功能和改善心肌营养也大有好处，有利于高血压和心脑血管疾病患者的病情恢复。此外，负离子有使血液变慢、延长凝血时间的作用，能使血中含氧量增加，有利于血氧输送、吸收和利用。在对呼吸系统的影响方面，负离子可以提高人的肺活量。有人曾经做过试验，在玻璃面罩中吸入空气负离子 30min，可使肺部吸收氧气量增加 2%，而排出二氧化碳量可增加 14.5%，故负离子有改善和增加肺功能的作用。

任务实施

写出下列反应的离子方程式。

1. 氢氧化钠与盐酸的反应
2. $Cl_2 + NaI$
3. $CuSO_4 + KOH$
4. $CaCO_3 + HCl$

复 习 题

一、填空题

1. 写出下列电解质的解离方程式。

H_2SO_4

KOH

$NH_3 \cdot H_2O$

2. 下列盐：NH_4Cl、KNO_3、CH_3COONH_4、NaCl、Na_2CO_3、$FeCl_3$、$Cu(NO_3)_2$、$BaSO_4$、$MgCl_2$、NH_4CN 的水溶液呈酸性的是（　　）；呈中性的是（　　）；呈碱性的是（　　）；不水解的是（　　）。

3. 在配制 $Al_2(SO_4)_3$ 溶液时，为防止发生水解，可以加入少量的（　　）；在配制 Na_2S 溶液时，为了防止水解，可以加入少量的（　　）。

4. 离子反应发生的条件是：生成物中（　　）、（　　）、（　　），三个条件只需具备其中（　　），离子反应就能进行。

5. 按酸碱的质子理论，酸是（　　），碱是（　　），两性物质是（　　），酸碱反应的实质是（　　）。

二、选择题

1. 下列物质中，属于强电解质的是（　　）。

A. $NaHCO_3$　　B. H_2S　　C. CH_3COOH　　D. $NH_3 \cdot H_2O$

2. 日常生活中使用的以下调味品中属于强电解质的是（　　）。

A. 食醋　　B. 食盐　　C. 黄酒　　D. 菜籽油

3. 在下列各组物质中，全是强电解质的一组是（　　）。

A. 乙醇、醋酸　　B. 氯化钠、甘油

C. 硝铵、氯化铵　　D. 氯气、硝酸钾

4. 下列说法正确的是（　　）。

A. 酸性溶液中没有 OH^-，碱性溶液中没有 H^+

B. 在酸性溶液中，H^+ 越大，酸性越强

C. pH=0 的溶液呈中性

D. pH=7 的溶液一定呈中性

5. 下列液体中，pH>7 的是（　　）。

A. 人体血液　　B. 蔗糖溶液　　C. 橙汁　　D. 胃液

6. $Mg(NO_3)_2$ 在水溶液中呈（　　）。

A. 酸性　　B. 碱性　　C. 中性　　D. 不确定

7. 下列能发生反应的是（　　）。

A. 硝酸钾与氯化钙　　B. 氯化铁与氢氧化钠

C. 氧化钙与盐酸　　D. 氯化铵与氯化钠

8. 在纯水中，加入一些酸，其溶液的（　　）。

A. $[H^+]$ 与 $[OH^-]$ 乘积变大　　B. $[H^+]$ 与 $[OH^-]$ 乘积变小

C. $[H^+]$ 与 $[OH^-]$ 乘积不变　　D. $[H^+]$ 等于 $[OH^-]$

9. MX 是难溶强电解质，0℃时在 100g 水中只能溶解 0.8195gMX，设其溶解度随温度变化不大，测得饱和 MX 溶液的凝固点为 −0.293℃［已知 $K_f(H_2O)=1.86$］，则 MX 的摩尔质量为（　　）。

A. 52.0g/mol　　B. 104g/mol　　C. 5.20g/mol

D. 10.4g/mol　　E. 28.0g/mol

10. 在 NH_3 的水解平衡 $NH_3(aq)+H_2O(l) \rightleftharpoons NH_4^+(aq)+OH^-(aq)$ 中，为使 $[OH^-]$ 增大，可行的方法是（　　）。

A. 加 H_2O　　B. 加 NH_4Cl　　C. 加 HAc

D. 加 NaCl　　E. 加 HCl

三、判断题

1. 中和 10mL HCl 溶液（c=0.1mol/L）和 10mL HAc 溶液（c=0.1mol/L）所

需 NaOH 溶液（c=0.1mol/L）的体积相同。（ ）

2. 当某弱酸稀释时，其解离度增大，溶液的酸度也增大。（ ）

3. 饱和氢硫酸（H_2S）溶液中 H^+（aq）与 S^{2-}（aq）浓度之比为 2∶1。（ ）

4. Na_2CO_3 溶液中 H_2CO_3 的浓度近似等于 K_{b2}。（ ）

5. NaAc 溶液与 HCl 溶液起反应，该反应的平衡常数等于醋酸的解离平衡常数的倒数。（ ）

四、问答题

1. 盐酸中有没有 OH^-？氢氧化钠溶液中有没有 H^+？为什么？

2. 为什么 Al_2S_3 在水溶液中不存在？

3. 配制 $SnCl_2$ 溶液时，为什么不能用蒸馏水直接配制？如何配制？

五、计算题

1. 计算下列溶液的 pH

（1）0.001mol/L 的 NaOH 溶液；

（2）0.02mol/L 的稀硫酸。

2. 将 2mL 12mol/L HCl 稀释至 500mL，计算：

（1）稀释后溶液的 H^+ 浓度和 pH；

（2）欲将 100mL 稀释溶液中和至 pH=7，需要加入多少克固体 NaOH？

任务评价

目标	评价要素	评价标准	评价依据	考核方式			得分	权重
				自评 20%	互评 20%	师评 60%		
知识	基本知识	1. 掌握的知识点 2. 完成书面作业 3. 分析和解决问题	1. 个人作业 2. 课堂笔记 3. 课堂练习 4. 项目测试					35%
能力	基本技能	1. 认识电解质和非电解质、强电解质和弱电解质 2. 能解释电解质的解离过程，会写解离式 3. 会判断溶液的酸碱性并熟记酸碱指示剂的变色范围 4. 会计算或测定 pH 5. 会写离子方程式	1. 课堂练习 2. 技能测试 3. 实验（实训）报告					50%
情感与素质	学习态度	1. 出勤情况 2. 遵章守纪 3. 主动学习 4. 完成作业 5. 独立探究问题	1. 考勤表 2. 同学及教师观察 3. 课堂笔记 4. 课前准备 5. 个人或小组作业					5%

续表

目标	评价要素	评价标准	评价依据	考核方式			得分	权重
				自评 20%	互评 20%	师评 60%		
情感与素质	沟通协作管理	1. 信息搜集与加工 2. 分工协作 3. 观点表达 4. 理解沟通	1. 乐于请教和帮助同学 2. 小组活动协调和谐 3. 协助教师教学管理 4. 同学及教师观察					5%
	创新精神	1. 创新思维 2. 创新技能	1. 自主学习计划 2. 个人口头或书面提议 3. 协作完成创新作品					5%
总计								

项目五

氧化还原反应基础

任务一　学习氧化还原反应

任务目标

1. 记住氧化还原反应的概念。
2. 会判断氧化剂和还原剂及电子转移的方向和数目。
3. 会叙述电解的原理并知道其应用。
4. 具备一定的分析归纳能力。

知识引入

你知道吗，自来水是用氯气来杀菌的，杀菌原理是利用氯气能溶于水，生成盐酸和次氯酸。次氯酸是常用的强氧化剂，能杀灭水中的细菌。氧化还原反应在工农业生产中应用广泛，氧化还原反应原理应用于滴定分析中，可以测定具有氧化性或还原性的物质。

知识与技能准备

一、氧化还原反应

1. 从物质的得氧与失氧的角度分析

$$CuO + H_2 \longrightarrow Cu + H_2O$$

氧化铜失去氧生成铜发生的反应为还原反应，氢气结合氧生成水的反应为氧化反应。

一种物质失氧、另一种物质得氧的反应叫做氧化还原反应。

2. 从元素化合价升降的角度分析

$$\overset{+2-2}{CuO} + \overset{0}{H_2} \longrightarrow \overset{0}{Cu} + \overset{+1-2}{H_2O}$$

CuO 中铜元素的化合价由＋2 价变成了铜单质中的 0 价，铜的化合价降低，即

CuO 被还原成单质铜，元素化合价降低的反应为还原反应。H_2中氢单质的化合价由 0 价升高到＋1 价，氢的化合价升高，即 H_2被氧化成水，元素化合价升高的反应为氧化反应。

元素化合价发生改变的化学反应叫氧化还原反应。

根据元素化合价的升降观点，可以看出氧化还原反应不一定存在得氧和失氧的过程，但必然有化合价的升降，那么物质引起元素化合价升降的原因是什么呢？

（1）电子的转移

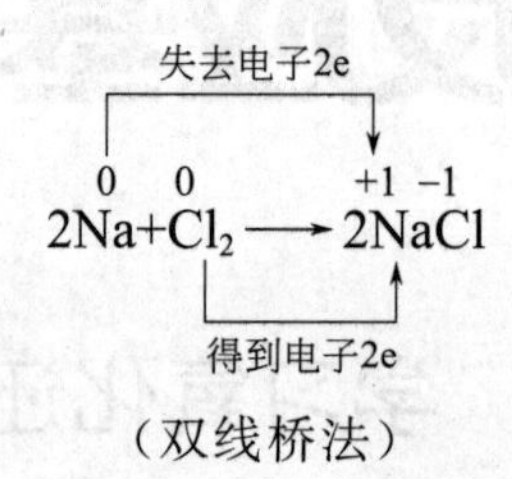

（双线桥法）

在这个反应中，Na 原子失去 1 个电子，化合价从 0 价升高到＋1 价；Cl 原子得到一个原子，化合价从 0 价降到－2 价。实际上元素化合价的升高是由于失去电子，元素化合价的降低是由于得到电子，元素化合价升降的原因就是它们的原子失去或是得到电子的缘故。因此氧化反应是具有电子得失的反应。其中物质失去电子的反应是氧化反应，物质得到电子的反应是还原反应。

（2）共用电子对的偏移

$$\overset{0}{H_2}+\overset{0}{Cl_2} \longrightarrow 2\overset{+1-1}{HCl}$$

在这个反应中氢气和氯气化合生成共价化合物氯化氢，不是由于得失电子，而是共用电子对的偏移，使氢原子显正电性，氯原子显负电性，这也发生了化合价的升降，这样的反应也属于氧化还原反应。

因此，把电子得失或共用电子对偏移统称为电子转移。如上述钠与氯气的反应用电子转移的方法表示如下：

$$\overbrace{2\overset{0}{Na} + \overset{0}{Cl_2}}^{2e} \longrightarrow 2\overset{+1-1}{NaCl}$$

（单线桥法）

结论：

氧化还原反应的本质是电子的转移（或电子对的偏移），氧化还原反应的特征是化合价的变化。物质失去电子的反应为氧化反应，物质得到电子的反应为还原反应。

二、氧化剂和还原剂

1. 氧化剂

在氧化还原反应中得到电子（或电子对偏移）的物质叫做氧化剂，氧化剂具有氧化性。通常情况下，物质中的元素化合价处于高价的为氧化剂，氧化性的强弱反映了物质得到电子能力的大小，得电子能力越强，氧化性越强。

常见的氧化剂有活泼的非金属单质、H_2O_2、HClO、$KClO_3$、$KMnO_4$、浓H_2SO_4、$K_2Cr_2O_7$等。

2. 还原剂

在氧化还原反应中失去电子（或电子对偏移）的物质叫做还原剂，还原剂具有还原性。通常情况下，物质中的元素化合价处于低价的为还原剂，还原性的强弱反映了物质失去电子能力的大小，失电子能力越强，还原性越强。

常见的还原剂有活泼的金属及C、H_2、CO等。

处于中间价态的既可做氧化剂，又可做还原剂。

$$SO_2+2H_2S \longrightarrow 3S\downarrow+2H_2O$$

$$2SO_2+O_2 \longrightarrow 2SO_3$$

任务实施

1. 下列反应中，既是氧化还原反应，又是化合反应的是（　　）。

A. $Na_2O+H_2O \longrightarrow 2NaOH$

B. $Fe+2HCl \longrightarrow FeCl_2+H_2\uparrow$

C. $Cu(NO_3)_2+2NaOH \longrightarrow Cu(OH)_2\downarrow+2NaNO_3$

D. $H_2+Cl_2 \longrightarrow 2HCl$

2. 判断下列反应中哪些是氧化还原反应。

（1）$CuO+2HCl \longrightarrow CuCl_2+H_2O$

（2）$CaO+H_2O \longrightarrow Ca(OH)_2$

（3）$Zn+2HCl \longrightarrow ZnCl_2+H_2\uparrow$

3. 简答

高锰酸钾是一种强氧化剂，它有哪些用途？

任务二　认识原电池

任务目标

1. 能概述原电池的工作原理，记住构成原电池的条件。
2. 会书写原电池的电极反应式和原电池的反应式，会书写简单的原电池符号。
3. 会组建简单的原电池装置。
4. 培养学生的科学探究方法。

知识准备

化学能是否能产生电流？

实验：把一块锌片和一块铜片插入盛有稀硫酸的烧杯中，用导线把两个金属片连接起来，并在导线中间连接一个灵敏电流计，观察有何现象产生。

为什么指针会发生偏转呢？

由于电子不断地通过导线流向铜片，产生了电子的定向移动形成电流，使电流计指针发生偏转。由于电子的定向移动，产生了电流，也就是将化学能转变为电能。

一、原电池

1. 定义

将化学能转变为电能的装置叫做原电池。

2. 构成原电池工作的条件

负极：在原电池中，电子流出的电极叫做负极，用“－”表示。

正极：电子流入的电极叫做正极，用“＋”表示。

上述过程可表示为：

Zn 片　(－)$Zn-2e\longrightarrow Zn^{2+}$（氧化反应）

Cu 片　(＋)$2H^{+}+2e\longrightarrow H_2\uparrow$（还原反应）

总反应式　$Zn+2H^{+}\longrightarrow Zn^{2+}+H_2\uparrow$

从电极反应中可以看出，负极发生氧化反应，正极发生还原反应，电解质溶液提供了 H^{+}，参与正极反应，金属铜并未参加反应，但作为辅助导体，导线起到引导电子定向转移的作用。电极是原电池的主要组成部分。

常见的原电池是由不同的金属和它的盐构成的，其中较活泼的金属为负极，失去电子发生氧化反应而逐渐溶解；较不活泼的金属或能导电的非金属为正极，溶液中的阳离子在正极表面获得电子发生还原反应。电极上发生的反应叫做电极反应，从理论上讲，任何一个自发进行的氧化还原反应，都可以组成一个原电池。

二、原电池符号

原电池的装置可以用符号来表示，如铜锌原电池表示为：

$$(-)\ Zn\,|\,ZnSO_4\,\|\,CuSO_4\,|\,Cu\ (+)$$

式中，(＋)、(－) 表示两个电极的符号，习惯上把负极写在左边，正极写在右边；Zn 和 Cu 表示两个电极，$ZnSO_4$ 和 $CuSO_4$ 表示电解质溶液；“|”表示电极与电解质溶液之间的接触界面；“‖”表示盐桥，写在中间。

当电对中无固态物质时，通常需另加惰性电极（电极只传递电子而不参与电子得失），如石墨、铂是常用的惰性电极，这种电极只起导电作用。例如，

反应 $Zn+2H^{+}\longrightarrow Zn^{2+}+H_2$ 组成原电池后，原电池符号表示为：

$$(-)\ Zn\,|\ Zn^{2+}\,\|\,H^{+}\,|\,H_2,\ Pt\ (+)$$

电池反应为：$Zn+2H^{+}\longrightarrow Zn^{2+}+H_2\uparrow$

将锌片插入盛有 1mol/L 的 $ZnSO_4$ 溶液的烧杯中，将铜片插入另一个盛有 1mol/L

的 $CuSO_4$ 溶液的烧杯中，将两个烧杯的溶液用一个充满电解质溶液（通常用含有琼胶的 KCl 饱和溶液）的倒置 U 形管即盐桥联系起来；用导线将锌片和铜片连接，并在导线上串联一个电流计装置，根据以上文字说明动手组装一个原电池。

任务三　电极电势

任务目标

1. 理解电极电势的概念。
2. 知道标准氢电极。
3. 掌握电极电势在有关方面的应用。

知识准备

熟悉物质的氧化还原能力的强弱。

由物质的氧化态及其对应的还原态所构成的物质对，称为氧化还原电对。物质的氧化还原能力的强弱，可用有关电对的电极电势来衡量。

金属、非金属或气体电极与其强电解质溶液之间，所产生的电位差，称为电极电势。例如，将金属锌插入硫酸锌溶液中，则在锌与硫酸锌溶液两相的界面上就产生了电位差，这电位差就称为锌电极电势。电极电势的绝对值目前尚无法测定，但可测出其相对值。

为了确定电极电势的相对大小，通常采用某一电极作标准，将其他电极与之比较，可测得电极电势的相对值。目前采用的标准电极是氢电极，它的构成如图 5-3-1 所示。将一片由铂丝连接的，镀有蓬松铂黑的铂片，浸入氢离子浓度为 1mol/L 的硫酸溶液中，在 298K 时，从玻璃管上部侧口不断地通入 101.325kPa 的纯氢气流，这时溶液中的 H^+ 与铂黑所吸收的 H_2 组成了 H^+/H_2 电对，其电极反应为：

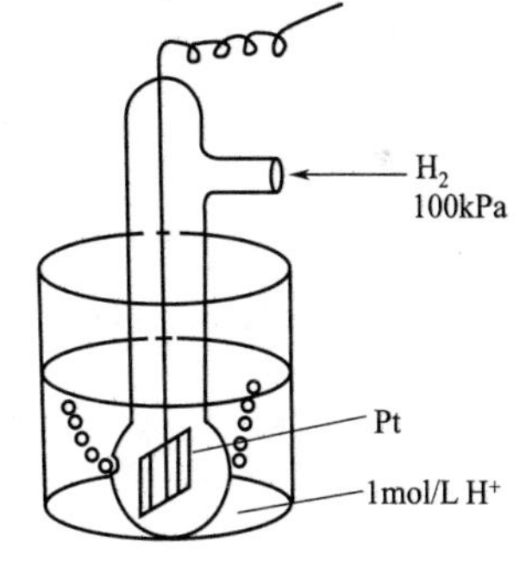

图 5-3-1　标准氢电极

$$2H^+ + 2e \longrightarrow H_2$$

上述饱和了 H_2 的铂片与酸溶液所构成的电极就叫做标准氢电极，用 $\varphi^{\ominus}_{H^+/H_2}$ 表示。并规定在任何温度下，标准氢电极的电极电势值为零，记为 $\varphi^{\ominus}_{H^+/H_2}=0.00V$，右上角的“$^{\ominus}$”表示标准态。

为了方便起见，规定：温度为 298K，与电极有关的离子浓度为 1mol/L，有关气体的压力为 101.325kPa 的标准态下，所测得的电极电势，称为某电极的标准电极电势，用符号 $\varphi^{\ominus}_{氧化态/还原态}$ 表示，利用原电池可以测得各种物质所组成的电对的标准电极电势。测出物质电对的标准电极电势后，将它们按数值由小到大的顺序排列，得到标准电极电势表（见表 5-3-1）。

表 5-3-1 标准电极电势（298K）

电极反应	$E^{\ominus}$/V
$Li^+ + e \rightleftharpoons Li$	−3.0401
$Cs^+ + e \rightleftharpoons Cs$	−3.026
$Ca(OH)_2 + 2e \rightleftharpoons Ca + 2OH^-$	−3.02
$K^+ + e \rightleftharpoons K$	−2.931
$Ba^{2+} + 2e \rightleftharpoons Ba$	−2.912
$Ca^{2+} + 2e \rightleftharpoons Ca$	−2.868
$Na^+ + e \rightleftharpoons Na$	−2.71
$Mg^{2+} + 2e \rightleftharpoons Mg$	−2.372
$1/2H_2 + e \rightleftharpoons H^-$	−2.23
$Al^{3+} + 3e \rightleftharpoons Al$	−1.662
$Mn(OH)_2 + 2e \rightleftharpoons Mn + 2OH^-$	−1.56
$ZnO_2^{2-} + 2H_2O + 2e \rightleftharpoons Zn + 4OH^-$	−1.215
$Mn^{2+} + 2e \rightleftharpoons Mn$	−1.185
$Sn(OH)_6^{2-} + 2e \rightleftharpoons HSnO_2^- + 3OH^- + H_2O$	−0.93
$2H_2O + 2e \rightleftharpoons H_2 + 2OH^-$	−0.8277
$Cd(OH)_2 + 2e \rightleftharpoons Cd + 2OH^-$	−0.809
$Zn^{2+} + 2e \rightleftharpoons Zn$	−0.7618
$Cr^{3+} + 3e \rightleftharpoons Cr$	−0.744
$Ni(OH)_2 + 2e \rightleftharpoons Ni + 2OH^-$	−0.72
$Fe(OH)_3 + e \rightleftharpoons Fe(OH)_2 + OH^-$	−0.56
$2CO_2 + 2H^+ + 2e \rightleftharpoons H_2C_2O_4$	−0.481
$NO_2^- + H_2O + e \rightleftharpoons NO + 2OH^-$	−0.46
$Fe^{2+} + 2e \rightleftharpoons Fe$	−0.447
$Cr^{3+} + e \rightleftharpoons Cr^{2+}$	−0.407
$Cd^{2+} + 2e \rightleftharpoons Cd$	−0.4030
$Ni^{2+} + 2e \rightleftharpoons Ni$	−0.257
$2SO_4^{2-} + 4H^+ + 2e \rightleftharpoons S_2O_6^{2-} + 2H_2O$	−0.22
$Sn^{2+} + 2e \rightleftharpoons Sn$	−0.1375
$Pb^{2+} + 2e \rightleftharpoons Pb$	−0.1262
$MnO_2 + 2H_2O + 2e \rightleftharpoons Mn(OH)_2 + 2OH^-$	−0.05
$Fe^{3+} + 3e \rightleftharpoons Fe$	−0.037
$AgCN + e \rightleftharpoons Ag + CN^-$	−0.017
$2H^+ + 2e \rightleftharpoons H_2$	0.0000
$AgBr + e \rightleftharpoons Ag + Br^-$	0.07133
$[Co(NH_3)_6]^{3+} + e \rightleftharpoons [Co(NH_3)_6]^{2+}$	0.108

标准电极电势的大小，定量反映了标准态下不同电对中，氧化态物质和还原态物质得失电子的能力，即氧化态物质的氧化能力和还原态物质的还原能力的相对强弱。例如：

电对	K^+/K	Na^+/Na	Mg^{2+}/Mg	Zn^{2+}/Zn	H^+/H_2	Cu^{2+}/Cu
$\varphi^{\ominus}_{氧化态/还原态}$/V	−2.925	−2.714	−2.37	−0.763	0.0000	0.34

$\varphi^{\ominus}_{氧化态/还原态}$ 逐渐增大，氧化态的氧化能力逐渐增强，还原态的还原能力逐渐减弱 →

所以，根据电极电势的大小，就可以比较出标准态下，金属单质在水溶液中失去电子（还原）能力的相对强弱，此即金属活动顺序表的由来。

总之，标准电极电势值越小，表明标准态下电对中还原态物质的还原能力越强，氧化态物质的氧化能力越弱；反之，标准电极电势值越大，表明标准态下电对中氧化态物质的氧化能力越强，还原态物质的还原能力越弱。

任务实施

1. 若电极反应不是在标准态下进行的，能否用标准电极电势直接比较它们的氧化还原能力的强弱？

2. 标准电极电势可以用来比较氧化剂、还原剂的相对强弱。除此之外，它还有何用途？

任务四　探究电解原理及应用

任务目标

1. 能概述电解的工作原理。
2. 会书写电极反应式。
3. 联系工业生产，灵活运用电解池的工作原理。

知识准备

知道离子膜法制备氯碱的原理吗？

一、电解的原理

实验：如图 5-4-1 所示，U 形管中注入 $CuCl_2$ 溶液，两端分别插入石墨棒做电极。接通直流电源，把湿润的碘化钾-淀粉试纸放在阳极石墨棒附近。与直流电源负极相连的电极叫阴极，与直流电源正极相连的电极叫阳极。

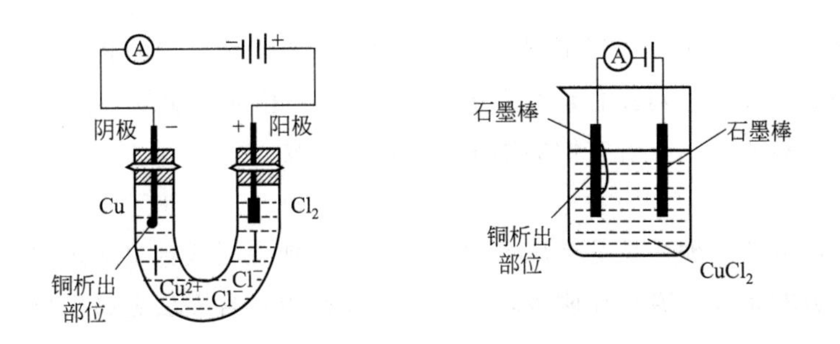

图 5-4-1　$CuCl_2$ 溶液电解

实验现象：阴极有铜覆盖在碳棒表面，阳极有气体产生。

化学方程式：

$$CuCl_2 \longrightarrow Cu + Cl_2$$

通电以前，氯化铜溶液中存在着 Cu^{2+}、Cl^-、H^+、OH^- 四种离子，这四种离子在溶液中自由移动。

通电后，这些自由移动的离子在电场的作用下做定向移动，即阴离子（Cl^-、

OH^-）向阳极移动，阳离子（Cu^{2+}、H^+）向阴极移动（见图 5-4-1）。

以上过程可用半反应表示：

在阴极，氧化性强的阳离子容易获得电子，所以有铜析出。

$$Cu^{2+} + 2e \longrightarrow Cu\downarrow \text{（还原反应）}$$

在阳极，还原性强的阴离子容易失去电子，所以 Cl^- 被氧化生成 Cl_2。

$$2Cl^- - 2e \longrightarrow Cl_2\uparrow \text{（氧化反应）}$$

在电流的作用下，$CuCl_2$ 不断分解成 Cu 和 Cl_2。由于 H^+、OH^- 没有参加放电，所以 H_2O 实际上没参加反应。电解氯化铜的总化学方程式如下：

$$CuCl_2 \longrightarrow Cu + Cl_2\uparrow$$

因直流电通过电解质溶液（或熔融态离子化合物）引起氧化还原反应的过程叫做电解。

借助电流使电解质发生氧化还原反应的装置，也就是把电能转变为化学能的装置，叫做电解池或电解槽。当电解质溶液通电时，阴离子在阳极上失去电子，发生氧化反应；阳离子在阴极上得到电子，发生还原反应。习惯上，把离子或原子在电极上获得或失去电子的过程叫做放电。

阳离子在阴极上的放电顺序是金属活动顺序的反顺序

$$Ag^+ > Hg^{2+} > Fe^{3+} > Cu^{2+} > H^+ > Pb^{2+} > Fe^{2+} > Zn^{2+}$$

阴离子在阳极上的放电顺序是：$S^{2-} > I^- > Br^- > Cl^- > OH^- >$ 含氧酸根 $> F^-$

注意

电解所用的电极是惰性电极。

二、电解的应用

1. 电冶

应用电解原理从金属化合物中制取金属的过程叫做电冶。电解钾、钙、钠、镁、铝等活泼金属的盐溶液时，阴极总是产生 H_2，而得不到相应的金属，因此，制取这些活泼金属的单质，只能采用电解它们的熔融化合物的方法。

2. 电镀

电镀是应用电解原理在某些金属表面镀上一层其他金属或合金的过程。

电镀池形成的条件：镀件作阴极，镀层金属作阳极，含镀层金属阳离子的盐溶液作电解液。

3. 精炼金属

利用电解的原理将粗金属精炼成纯金属。

如铜的精炼，用粗铜作阳极，纯铜作阴极，用硫酸铜溶液作电解液。通电后，粗铜不断溶解，生成 Cu^{2+} 进入溶液，溶液中的 Cu^{2+} 在阴极不断获得电子而析出，这样在阴极就可以得到纯度达 99.99% 的纯铜。

4. 氯碱工业中的应用

在氯碱工业，电解饱和食盐水制备氢氧化钠、氯气和氢气（见图 5-4-2）。

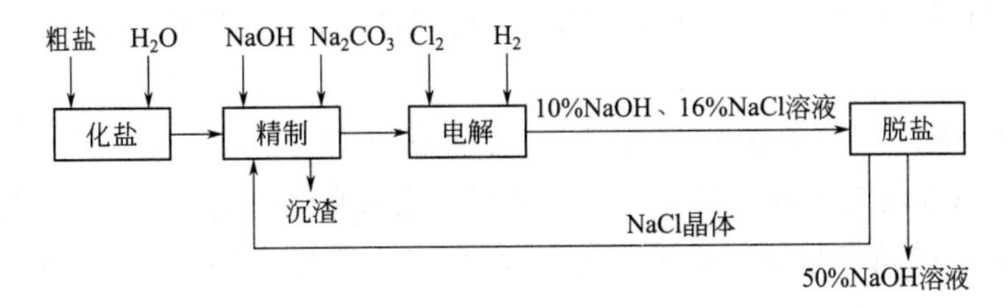

图 5-4-2　电解饱和食盐水的流程

任务实施

1. 参观离子膜法电解饱和食盐水实训室，写出电解食盐水的化学方程式。

2. 简答

高锰酸钾是一种强氧化剂，它有哪些用途？

阅读材料

新型能源——燃烧电池

燃料电池，它不是将氧化剂和还原剂全都储存在电池内，而是在工作时，不断从外界输入，同时将电极反应产物不断排出电池。因此，燃料电池是名副其实地把能源中燃料燃烧反应的化学能直接转化为电能的“能量转换器”。

氢氧燃料电池是以氢气为燃料，氧气作氧化剂，用多孔性的炭为正、负极，30%的氢氧化钾溶液为电解液，负极上吸附氢气，正极上吸附氧气。它工作时负极上的氢放出电子，发生氧化反应；正板上的氧得到电子，发生还原反应。这种电池的总反应为：

$$2H_2+O_2 \longrightarrow 2H_2O$$

这与氢气在氧气中燃烧的反应一样，但它没有火焰，也不放出热量，而是产生电流。除了氢气、氧气外，甲烷、煤气等燃料，空气、氯气等氧化剂，也可以成为燃料电池的原料。

燃料电池突出的优点是它能将化学能直接转化为电能，能量转化率很高，可达70%以上。而一般的火力发电，则是把煤和石油的化学能通过燃烧转化为热能，再转化为机械能，最后由发电机把机械能转化为电能，能量的利用率不超过30%。此外，与其他化学电池相比较，燃料电池还可以节约金属资源，减少环境的污染，无材料腐蚀和电解液腐蚀等问题。但是由于技术问题，可使用的燃料电池目前还只局限于氢氧燃料电池，而氢氧燃料电池的关键问题是如何大量储存氢。现在已研制出了钛铁合金，储氢密度可达到96g/L，已超过液态氢的密度（70g/L），可用于燃料电池汽车的低压氢源。

复　习　题

一、填空题

1. 在反应：$2FeCl_3+Cu \longrightarrow 2FeCl_2+CuCl_2$中，（　　）元素被氧化，（　　）元素被还原；（　　）是氧化剂，（　　）是还原剂。

2. 在 $MnO_2+4HCl \longrightarrow MnCl_2+Cl_2\uparrow+2H_2O$ 这一反应中，氧化剂是（　　），还原剂是（　　）。

3. 原电池是把（　　）能转变为（　　）能的装置。

4. 饱和 $MgCl_2$ 溶液中存在着（　　）离子。当通直流电后，（　　）离子向阴极移动，（　　）离子向阳极移动。阴极产物是（　　），阳极产物是（　　）。反应的化学方程式为（　　）。

5. 已知下列两个反应：①$Fe+H_2SO_4$(稀)$\longrightarrow FeSO_4+H_2$；

②$Cu+2H_2SO_4$(浓)$\longrightarrow CuSO_4+SO_2+2H_2O$。试回答下列问题：

(1) 反应①中（　　）元素被还原，反应②中（　　）元素被还原。(填元素符号)

(2) 当反应①生成 2g H_2 时，消耗 H_2SO_4 的质量是（　　）g。

(3) 反应②中生成 32g SO_2 气体时，消耗 H_2SO_4 的质量是（　　）g，其中有（　　）g H_2SO_4 作为氧化剂被还原。

二、选择题

1. 氧化还原反应的实质是（　　）。

A. 化合价的升降　　B. 得氧和失氧

C. 有无新物质生成　　D. 电子的得失或偏移

2. 在反应 $2H_2S+3O_2 \longrightarrow 2SO_2+2H_2O$ 中，还原剂是（　　）。

A. H_2S　　B. O_2　　C. SO_2　　D. H_2O

3. 在原电池中，发生氧化反应的电极是（　　）。

A. 正极　　B. 负极　　C. 阴极　　D. 阳极

4. 下列各组中的两种金属（或非金属）用导线连接，插入电解质溶液中组成原电池，对负极的判断，错误的是（　　）。

A. Zn-Cu：锌是负极　　B. Fe-Sn：铁是负极

C. Fe-Zn：铁是负极　　D. Fe-C：铁是负极

5. 有关电解氯化铜溶液的说法中，错误的是（　　）。

A. 铜离子在阴极上得到电子

B. 氯离子在阳极上发生还原反应

C. 氯离子在阳极上失去电子

D. 铜离子在阴极上被还原而析出铜

6. 下列阳离子在同一溶液中且物质的量浓度相同，电解时，最容易在阴极上放电的是（　　）。

A. Cu^{2+}　　B. H^+　　C. Fe^{2+}　　D. Na^+

7. 下列操作过程中一定有氧化还原反应发生的是（　　）。

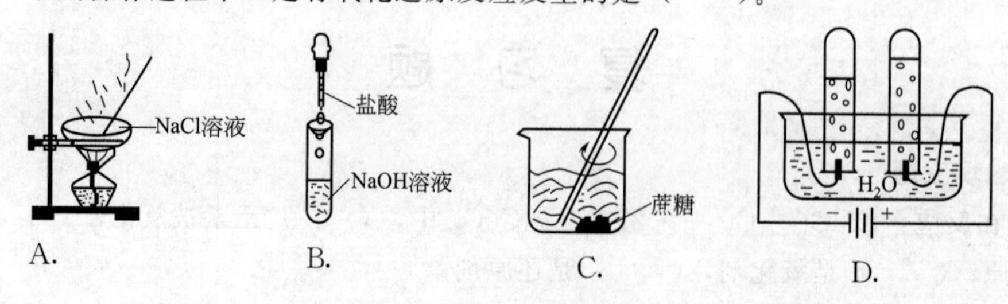

A.　　B.　　C.　　D.

8. 成语是中华民族灿烂文化中的瑰宝，许多成语中蕴含着丰富的化学原理，下列成语中涉及氧化还原反应的是（　　）。

A. 木已成舟　B. 铁杵成针　C. 蜡炬成灰　D. 滴水成冰

9. X 原子转移 2 个电子给 Y 原子，形成化合物 XY，下列说法中正确的是（　　）。

A. X 被氧化了　B. X 是氧化剂

C. X 发生了还原反应　D. Y 在反应中表现出还原性

10. 下列四种基本反应类型中，一定是氧化还原反应的是（　　）。

A. 化合反应　B. 分解反应　C. 复分解反应　D. 置换反应

11. 下表各组变化中，后者一定包括前者的是（　　）。

A.	化学变化	物理变化
B.	氧化还原反应	分解反应
C.	氧化还原反应	化合反应
D.	中和反应	复分解反应

12. 判断一个化学反应是否属于氧化还原反应的方法是（　　）。

A. 观察是否发生了化合反应

B. 观察是否有氧气参加反应

C. 观察是否有单质参加反应

D. 观察反应前后是否有元素的化合价发生变化

13. 请你运用所学的化学知识判断下列有关化学观念的叙述中错误的是（　　）。

A. 几千万年前地球上某条恐龙体内的某种原子可能在你的身体里

B. 用斧头将木块一劈为二，在这个过程中个别分子恰好分成原子

C. 一定条件下，石墨可以变成金刚石

D. 一定条件下，水能在 2℃时结冰

14. 已知 N 元素的最低化合价是－3 价，最高化合价是＋5 价，那么下列物质中的 N 元素只具有氧化性的是（　　）。

A. NH_3　B. N_2　C. NO_2　D. HNO_3

15. 下列各反应中，水作为还原剂的是（　　）。

A. $H_2 + O_2 \xrightarrow{点燃} 2H_2O$

B. $SO_3 + H_2O \longrightarrow H_2SO_4$

C. $2F_2 + 2H_2O \longrightarrow 4HF + O_2$

D. $2Na + 2H_2O \longrightarrow 2NaOH + H_2$

三、完成下列反应的化学方程式，用双线桥法标出下列氧化还原反应中电子转移的方向，并指出氧化剂和还原剂。

1. $MnO_2 + 4HCl$

2. $2CuO + C$

四、由 $Cu+2AgNO_3 \longrightarrow Cu(NO_3)_2+2Ag$ 氧化还原反应组成一个原电池，写出原电池的电极反应，画出原电池装置。

任务评价

目标	评价要素	评价标准	评价依据	考核方式			得分	权重
				自评 20%	互评 20%	师评 60%		
知识	基本知识	1. 掌握的知识点 2. 完成书面作业 3. 分析和解决问题	1. 个人作业 2. 课堂笔记 3. 课堂练习 4. 项目测试					35%
能力	基本技能	1. 会判断氧化剂和还原剂及电子转移的方向和数目 2. 会书写原电池的电极反应式和原电池反应式 3. 会组建简单的原电池装置 4. 联系工业生产，灵活运用电解池的工作原理	1. 课堂练习 2. 技能测试 3. 实验(实训)报告					50%
情感与素质	学习态度	1. 出勤情况 2. 遵章守纪 3. 主动学习 4. 完成作业 5. 独立探究问题	1. 考勤表 2. 同学及教师观察 3. 课堂笔记 4. 课前准备 5. 个人或小组作业					5%
	沟通协作管理	1. 信息搜集与加工 2. 分工协作 3. 观点表达 4. 理解沟通	1. 乐于请教和帮助同学 2. 小组活动协调和谐 3. 协作教师教学管理 4. 同学及教师观察					5%
	创新精神	1. 创新思维 2. 创新技能	1. 自主学习计划 2. 个人口头或书面提议 3. 协作完成创新作品					5%
总计								

项目六

常见非金属元素及其化合物

任务一　认识卤素及其化合物

任务目标

1. 会叙述氯化氢和盐酸的性质及用途。
2. 知道次氯酸的作用和漂白粉的制备方法。
3. 会 Cl^-、Br^-、I^- 溶液的鉴别方法。
4. 叙述氯及其他卤素单质的性质及制备。
5. 具有团队合作的精神。

任务引入

迄今为止，人类共发现 118 种元素，元素在自然界中以单质或化合物形式存在，构成了变化万千的物质世界，人类对物质性质的认识在不断发展，对元素单质及其化合物的了解和应用也在不断深入，它们在各行业的运用也越来越广泛。

知识与技能准备

一、卤族元素

卤族元素位于元素周期表ⅦA 族，包括氟（F）、氯（Cl）、溴（Br）、碘（I）、砹（At）五种元素，化学性质活泼，易和许多金属元素化合成典型的盐类，简称卤素（即成盐元素）。

1. 氯气（Cl_2）的物理性质

氯气是一种有强烈刺激性气味的黄绿色的有毒气体，能溶于水，常温下 1 体积水约能溶解 2 体积氯气，比空气重。氯气经冷却或加压后易液化成液态氯，工业上称为“液氯”。液氯便于贮存和运输，贮存液氯的钢瓶为草绿色。

2. 氯气的化学性质

实验：

① 取黄豆大小的一块钠，擦去表面的煤油，放在铺上细砂的燃烧匙内加热，当钠开始燃烧时，立刻深入有氯气的集气瓶里。

现象：出现黄色火焰，形成的氯化钠为烟雾状。

反应方程式：

$$2Na + Cl_2 \xrightarrow{点燃} 2NaCl$$

② 点燃从导管中逸出的氢气，然后把导管伸入盛满氯气的瓶里。

现象：苍白色火焰，瓶口有白雾。

化学方程式：

$$H_2 + Cl_2 \xrightarrow{点燃} 2HCl$$

③ 取两瓶干燥的氯气，一瓶放入干燥的有色布条，另一瓶中放入湿润的有色布条。

现象：湿润的有色布条褪色。

化学方程式：

$$Cl_2 + H_2O \longrightarrow HClO + HCl$$

④ 用100mL的针筒抽取50mL的氯气，然后再抽取10mL 15%的氢氧化钠溶液，振荡。

现象：溶液先变淡黄色，后褪色。

化学方程式：

$$Cl_2 + 2NaOH \longrightarrow NaCl + NaClO + H_2O$$

二、卤族元素性质的比较

实验：

① 在试管中注入2mL无色的溴化钠溶液，加入2mL新配制的氯水，振荡，观察溶液颜色的变化。再加入1mL四氯化碳，振荡，观察现象。

现象：溶液分层，下层显橙色。

化学方程式：

$2NaBr + Cl_2 \longrightarrow 2NaCl + Br_2$（溴易溶于四氯化碳，四氯化碳密度比水大）

② 在试管中注入2mL无色的碘化钾溶液，逐滴滴入2mL溴水，振荡，观察溶液颜色的变化。再加入1mL四氯化碳，振荡，观察现象。

现象：溶液分层，下层显紫红色。

化学方程式：

$$2KI + Br_2 \longrightarrow I_2 + 2KBr$$

③ 在盛有2mL碘化钾溶液的试管中，加入2mL新配制的氯水，再加入1mL四氯化碳，振荡，观察现象。

现象：溶液分层，下层显紫红色。

化学方程式：

$$2KI + Cl_2 \longrightarrow I_2 + 2KCl$$

卤族元素的基本性质见表 6-1-1。

表 6-1-1　卤族元素的基本性质

元素符号	F　Cl　Br　I
核电荷数	9　17　35　53
原子半径	依次增大
得电子能力	逐渐减弱
元素的非金属性	逐渐减弱
与 H_2 的化合能力	逐渐减弱
气态氢化物稳定性	HF＞HCl＞HBr＞HI
最高价氧化物对应水化物的酸性	$HClO_4$＞$HBrO_4$＞HIO_4

三、氯气的实验室制法

1. 制法（见图 6-1-1）

实验室一般用二氧化锰（MnO_2）与浓盐酸反应制取氯气。

$$MnO_2 + 4HCl（浓）\xrightarrow{\triangle} MnCl_2 + 2H_2O + Cl_2\uparrow$$

（1）可不可以用向上排空气法收集 Cl_2？

（2）为什么多余的 Cl_2 可以用 NaOH 溶液吸收？

（3）集气瓶中除了 Cl_2 外还可能含有什么气体？

2. 氯化氢和盐酸

在圆底烧瓶里充满氯化氢气体。用带有玻璃导管和滴管（滴管里预先吸入水）的双孔塞塞紧瓶口。倒置烧瓶，使玻璃管伸进盛有紫色石蕊溶液的烧瓶中观察现象（见图 6-1-2）。

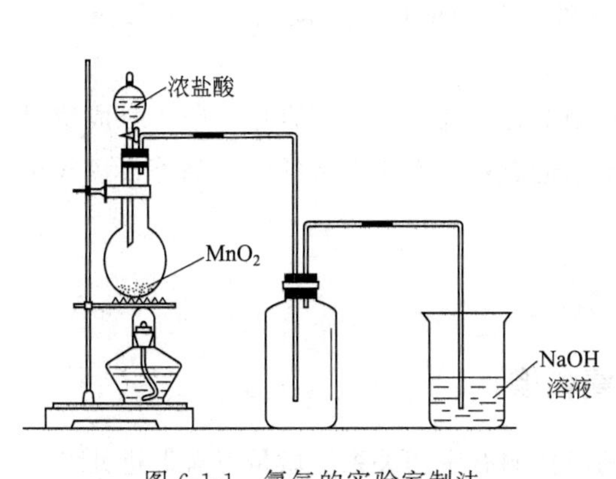

图 6-1-1　氯气的实验室制法

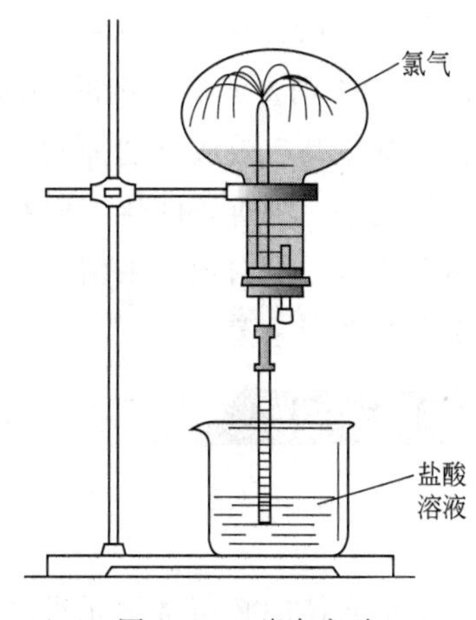

图 6-1-2　喷泉实验

（1）氯化氢（HCl）

氯化氢是无色并具有刺激性气味的有毒气体，极易溶于水，常温下 1 体积水溶解约

500体积氯化氢。

(2) 盐酸

氯化氢的水溶液叫氢氯酸，俗称盐酸。纯净的盐酸是无色有刺激性气味的液体，具有较强的挥发性。工业上，常用氯气和氢气在合成炉里生成氯化氢，溶于水制得盐酸。通常市售浓盐酸的密度为1.19g/mL，质量分数为37%。工业上用的盐酸略带黄色，是因含有$FeCl_3$杂质。盐酸是一种强酸，具有酸的通性。

3. 次氯酸和漂粉精

(1) 次氯酸(HClO)

干燥的氯气能使湿润的有色布条褪色，是因为和水生成了新的物质次氯酸。次氯酸的漂白作用是由于它具有强氧化性，能使有机色素分子氧化而变成无色物质。次氯酸的氧化性还表现在它具有很强的杀菌消毒能力，它的盐类是常用的漂白剂和消毒剂。氯酸不稳定，容易分解。

$$2HClO \longrightarrow 2HCl + O_2 \uparrow$$

次氯酸是一种强氧化剂，能杀死水里的细菌，所以自来水厂常用氯气来消毒杀菌。

$$Cl_2 + H_2O \longrightarrow HCl + HClO$$

(2) 漂粉精

氯气跟碱反应生成次氯酸盐。次氯酸盐比次氯酸稳定，容易保存，通常用作漂白剂。工业上用氯气和消石灰作原料来制漂粉精。

$$2Cl_2 + 2Ca(OH)_2 \longrightarrow CaCl_2 + Ca(ClO)_2 + 2H_2O$$

漂粉精的有效成分是次氯酸钙[$Ca(ClO)_2$]。次氯酸钙在酸性溶液中，可以生成具有强氧化性的次氯酸，故有漂白、杀菌作用。

$$Ca(ClO)_2 + 2HCl \longrightarrow CaCl_2 + 2HClO$$

$$Ca(ClO)_2 + CO_2 + H_2O \longrightarrow CaCO_3 \downarrow + 2HClO$$

漂粉精主要用于游泳水和饮用水消毒，食品工业的环境消毒以及用作家庭、学校、医院及公共场所的清洁卫生剂。工业织物的漂白通常用次氯酸钠。次氯酸钠，俗称84消毒液，84消毒液有一定的刺激性与腐蚀性，必须稀释后才能使用。消毒液必须密闭保存，避免其有效成分的挥发。

氯气是一种重要的化工原料，可用于制造氯乙烯、氯仿、合成橡胶、合成塑料；也可制造盐酸、漂白剂、杀菌剂；还可用于制造农业生产所需要的除草剂等；氯气还用于自来水的消毒杀菌。

氟和碘

氟是人体的必需微量元素之一，与钙磷代谢有密切关系。微量氟有促进儿童生长发育和预防龋齿的作用。人体通过饮水、食物和空气等多种途径摄入氟。氟在体内主要分布在骨骼、牙齿、指甲及毛发中，骨骼和牙齿的含氟量约占身体含氟总量的90%以上，并以每年增加0.02%的量蓄积，具有调节血氟浓度的作用。

碘是人体的必需微量元素，是甲状腺激素的重要组成成分，而碘缺乏或碘过多都会对人体带来损害，所以碘与人类健康有密切关系。正常人体内约含碘 30mg，甲状腺器官内含碘量最多为 8～15mg，在肾脏、唾液腺、胃腺、乳腺中也从血液中浓集少量的碘。对生命而言，碘有许多作用：它能促进体内物质的分解而产生热量和能量。对生长发育的作用：对于小儿，它能促进骨骼、肌肉、性功能的发育；神经系统的发育和成长过程必须要有甲状腺激素。人脑发育关键期有两个：一个是胎儿在子宫内发育的时间称宫内期，即从怀孕直至出生；另一个是出生后 0～2 岁。这两个时期以宫内期更为重要，关键期缺碘就可能发生脑发育落后，两岁以后，即使再补碘，依然会造成终生智力残疾。人体碘的来源有三个方面：80%～90%来自食物；10%～20%来自饮水；仅 5%左右来自空气。

任务实施

1. 氟、氯、溴、碘在性质上有哪些相似和不同之处？其活泼性顺序如何？试从原子结构进行分析。

2. 生活中，氯常用于自来水的杀菌消毒，请解释其中的原理。

任务二 认识含硫化合物

任务目标

1. 记住硫的存在形式及性质。
2. 知道 SO_2 的性质及对人体的危害。
3. 记住酸雨的形成原因。
4. 概述硫酸的性质和硫酸的工业制法。
5. 会用浓硫酸配制稀硫酸。

知识引入

早在公元前 6 世纪，我国古代炼丹术和医学上就用到硫，单质硫俗称硫黄，是工业制备硫酸的主要原料之一。

知识与技能准备

一、硫

1. 物理性质

纯净的硫为淡黄色晶体，俗称硫黄。不溶于水，微溶于酒精而易溶于二硫化碳。硫很脆，易研成粉末。隔绝空气加热，变成硫蒸气，冷却后变成微细结晶的粉末，称为硫华。游离态的硫主要存在于火山喷出口附近或地壳的岩层里及温泉中。

2. 化学性质

硫处于元素周期表的ⅥA 族（氧族），其原子核最外层有 6 个电子，单质硫既有氧化性，又有还原性。既能与许多金属反应，又能与非金属反应。

实验：将硫粉和铁粉按4∶6（质量比）混合均匀后装入大试管中，铺平铺匀，用酒精灯给混合物的一端加热，当混合物有红热现象出现后，立即移开酒精灯。

现象：产生黑色固体。

化学方程式： $$Fe+S \xrightarrow{点燃} FeS$$

二、二氧化硫

1. 物理性质

二氧化硫是有刺激性气味、无色、有毒的气体，密度约为空气的2.2倍。常温常压下，1体积水能溶解40体积的二氧化硫。

2. 化学性质

二氧化硫分子中硫的化合价（+4）处于中间价态，因此它既有氧化性，又有还原性。

$$SO_2+2H_2S \longrightarrow 3S\downarrow+2H_2O$$（SO_2的氧化性）

$$2SO_2+O_2 \longrightarrow 2SO_3$$（SO_2的还原性）

二氧化硫的主要用途是制造硫酸，硫酸是最重要的化工原料之一，也可用于消毒杀菌。二氧化硫具有漂白性，能与一些有机色素结合成无色化合物。工业上常用它来漂白纸张、毛、丝、草帽辫等。生成的无色化合物，时间久了，无色化合物不稳定，容易分解，故漂白不持久。

二氧化硫能使食物表面保持新鲜光泽，许多不法商贩用二氧化硫漂白食品，蜜饯类、糕点、冰激凌、生姜等合格率很低，主要是二氧化硫超标，如果食用了二氧化硫超标的食物，轻者会出现头晕、恶心、呕吐、腹泻，严重的还会毒害肝、肾，引起急性中毒。

三、三氧化硫

三氧化硫（SO_3）是无色易挥发的晶体，它是酸性氧化物，具有酸性氧化物的通性。三氧化硫极易溶于水，生成硫酸，所以三氧化硫也叫硫酸酐。由于反应中放出的热量使水蒸发，和硫酸酐结合成酸雾，使吸收速率变慢，不利于三氧化硫的吸收。所以，在实际生产中用98.3%的浓硫酸来吸收三氧化硫，可以避免因生成酸雾而造成损失，并提高三氧化硫的吸收效率。

四、硫化氢

自然界中存在硫化氢，如在火山喷出的气体中含有硫化氢气体，某些矿泉中含有少量的硫化氢，这种泉水能治疗皮肤病。当有机物腐烂时，也有硫化氢产生。

1. 物理性质

硫化氢是无色、有臭鸡蛋气味的气体，密度比空气略大，有剧毒，是一种大气污染物。吸入微量的硫化氢，会引起头痛、晕眩，吸入较多量时，会引起中毒昏迷，甚至死亡。因此，制取和使用硫化氢时，应在通风橱中进行。

硫化氢能溶于水，在常温常压下，1体积水能溶解2.6体积的硫化氢气体。它的水溶液叫做氢硫酸，它是一种弱酸，具有酸的通性。

2. 化学性质

硫化氢是一种可燃气体，在空气中燃烧时，可被氧化生成二氧化硫或硫：

$$2H_2S+3O_2 \xrightarrow[\text{空气充足}]{\text{点燃}} 2H_2O+2SO_2 \text{（产生淡蓝色火焰）}$$

$$2H_2S+O_2 \xrightarrow[\text{空气不足}]{\text{点燃}} 2H_2O+2S$$

把硫化氢与二氧化硫两种气体在集气瓶里充分混合，不久在瓶壁上就有黄色固体硫生成：

$$SO_2+2H_2S \longrightarrow 2H_2O+3S$$

由此可见，硫化氢具有还原性。

硫化氢在空气中能腐蚀金属。如银等许多在空气中很稳定的金属在含有硫化氢的空气中也会被腐蚀而生成金属硫化物。所以，精密仪器和设备等绝不能放置在含硫化氢较多的环境里。

3. 硫化氢的实验室制取

在实验室里，硫化氢通常是用硫化亚铁与稀盐酸或稀硫酸反应而制得，实验装置与制取氢气相同。

$$FeS+2HCl \longrightarrow FeCl_2+H_2S\uparrow$$

$$FeS+H_2SO_4 \longrightarrow FeSO_4+H_2S\uparrow$$

五、硫酸

1. 物理性质

纯硫酸为无色油状液体，是一种难挥发的强酸。市售浓硫酸的质量分数约为98%，沸点是338℃，密度为1.84g/mL。硫酸和水能以任意比例混合，同时产生大量的热。

2. 化学性质

稀硫酸具有酸的通性，能与金属、金属氧化物、碱等反应。浓硫酸具有很高的沸点，用浓硫酸能制得盐酸、硝酸和其他一些强酸。

实验：

① 取三块表面皿，分别放入少量纸屑、糖、棉花，再分别滴入1～3滴管98%的浓硫酸。

现象：纸屑、糖、棉花都生成了黑色的炭（炭化）。

结论：实验证明浓硫酸具有脱水性。

② 试管中放入一小块铜片，加入5mL浓硫酸，微微加热，右方试管中盛有0.1%的品红溶液。

现象：浓硫酸与铜片发生剧烈反应，溶液呈蓝色，有刺激性的气味，生成的气体使品红溶液褪色。

化学方程式：

$$Cu+2H_2SO_4(浓) \xrightarrow{\triangle} CuSO_4+SO_2+2H_2O$$

结论：实验证明浓硫酸具有氧化性，可以跟金属发生氧化还原反应。

③ 将一瓶浓硫酸敞口放置在空气中并称其质量，一周后再称其质量。

现象：一周后称量其质量，发现浓硫酸质量增加。

结论：浓硫酸具有吸水性，暴露在空气中质量增加，密度将减小，浓度降低，体积变大，工业上常常选择浓硫酸的这个性质来对一些潮湿气体进行干燥处理。

人们常用铁桶来储存和运输冷的浓硫酸，因为常温下，浓硫酸与某些金属（如铁、铝）接触，使金属表面生成一层致密的氧化物，从而阻止内部金属继续与浓硫酸发生反应，这种现象叫做金属的“钝化”。

六、硫酸的工业制法（接触法）

接触法制硫酸可以用硫黄、黄铁矿、硫酸盐、含硫化氢工业废气、冶炼烟气等作原料。用硫铁矿制造硫酸，必须先在原料工序进行预处理，然后送焙烧工序制造二氧化硫炉气。

硫铁矿的焙烧

$$4FeS_2+11O_2 \xrightarrow{800\sim900℃} 2Fe_2O_3+8SO_2\uparrow$$

二氧化硫的氧化

$$2SO_2+O_2 \xrightarrow{450\sim500℃,催化剂\ V_2O_5} 2SO_3$$

硫酸的制备

$$SO_3+H_2O \longrightarrow H_2SO_4$$

硫酸的工业用途

1. 用于农业生产服务方面

硫酸铵（俗称硫铵或肥田粉）和过磷酸钙（俗称过磷酸石灰或普钙）这两种化肥的生产。生产1t硫酸铵，要消耗硫酸（折合成100%计算）760kg，生产1t过磷酸钙，要消耗硫酸360kg。

2. 用于农业生产服务

冶金工业和金属加工在冶金工业部门，特别是有色金属的生产过程需要使用硫酸。例如用电解法精炼铜、锌、镉、镍时，电解液就需要使用硫酸；某些贵金属的精炼，也需要硫酸来溶解去除夹杂的其他金属。在钢铁工业中进行冷轧、冷拔及冲压加工之前，都必须用硫酸清除钢铁表面的氧化铁。在轧制薄板、冷拔无缝钢管和其他质量要求较高的钢材，都必须每轧一次用硫酸洗涤一次。另外，有缝钢管、薄铁皮、铁丝等在进行镀锌之前，都要经过用硫酸进行酸洗手续。石油工业汽油、润滑油等石油产品的生产过程中，都需要用浓硫酸精炼，以除去其中的含硫化合物和不饱和碳氢化合物。每吨原油精炼需要硫酸约24kg，每吨柴油精炼需要硫酸约

31kg。石油工业所使用的活性白土的制备，也消耗不少硫酸。

3. 用于人们“穿”和“用”方面

化学纤维的生产是利用人们所熟悉的黏胶丝，它需要使用硫酸、硫酸锌、硫酸钠的混合液作为黏胶抽丝的凝固液。日用品的生产中合成洗涤剂需要用发烟硫酸和浓硫酸。

任务实施

1. 试写出硫与钠、铜反应的化学方程式。
2. 如果不小心把温度计打破了，如何处理散落的水银？用化学方程式表示。
3. 试判断炭与浓硫酸反应中的氧化剂和还原剂。
4. 当皮肤上不慎沾上浓硫酸时，怎样处理？
5. 浓硫酸使用后为什么要及时将盖子盖紧？

任务三　认识氮及其化合物

任务目标

1. 记住氮的化学性质。
2. 会氨的实验室制法及其检验方法。
3. 知道硝酸的特性。
4. 能用硝酸作一些简单的化学分析或处理生活上的小问题。

知识引入

雷雨时，空气中的氮经雷电作用与氧气化合生成一氧化氮，一氧化氮与氧气接触被氧化为二氧化氮，二氧化氮溶于雨水生成硝酸，进入土壤后形成硝酸盐，可被植物吸收利用，适量的酸雨对农作物有利。一氧化氮、二氧化氮对环境有危害，对土壤和大气可造成污染。

知识与技能准备

氮族元素位于周期表的ⅤA族，包括氮（N）、磷（P）、砷（As）、锑（Te）和铋（Bi）五种元素。氮和磷主要表现出非金属性，砷虽然是非金属，但表现出一定的金属性，锑和铋已有较明显的金属性。

一、氮气

氮气（N_2）是空气的主要成分，约占空气组成的78%（体积分数）。氮也以化合态存在于多种无机物和有机物之中，是构成蛋白质和核酸不可缺少的元素。

1. 氮气的物理性质

纯净的氮气是一种无色、无味、难溶于水的气体，标准状态下密度是1.25g/cm^3，密度比空气稍小。氮气在标准大气压下，冷却至－195.8℃时，变成没有颜色的液体，冷却至－209.86℃时，液态氮变成雪花状的固体。氮气在水中溶解度很小，在常温常压下，1 体积水中大约只溶解 0.02 体积的氮气。它是个难以液化的气体。在水中的溶解度很小，在 283K 时，一体积水约可溶解 0.02 体积的 N_2，氮气在极低温下会液化成白色液体，进一步降低温度时，更会形成白色晶状固体。在生产中，通常采用灰色钢瓶盛放氮气。工业上用分馏液态空气的方法来制取氮气。

2. 氮气的化学性质

氮气分子很稳定，化学性质不活泼，一般不易与其他物质发生化学反应。但在一定条件下，也能与某些活泼金属、氢气、氧气等物质发生反应。

$$N_2 + 3H_2 \xrightarrow[\text{催化剂}]{\text{高压、高温}} 2NH_3$$

$$N_2 + O_2 \xrightarrow{\text{放电}} 2NO$$

二、氨气

1. 氨气的物理性质

氨气是无色、有强烈刺激性气味的气体，比空气轻，极易溶于水，常温下，1 体积水约吸收 700 体积的氨。氨很容易液化，在常压下冷却至 239.65K 或在常温下加压至 700～800kPa，气态氨就液化成无色液体，同时放出大量的热。液态氨汽化时要吸收大量的热，使周围的温度急剧下降，所以液氨常用作制冷剂。氨气对人的眼、鼻、喉等黏膜有刺激作用，接触时应小心。如果不慎接触过多的氨而出现病状，要及时吸入新鲜空气和水蒸气，并用大量的水冲洗眼睛。

2. 氨气的化学性质

实验：

（1）取两支玻璃棒，分别蘸取浓氨水和浓盐酸，使两支玻璃棒靠近（但不接触）（见图 6-3-1）。

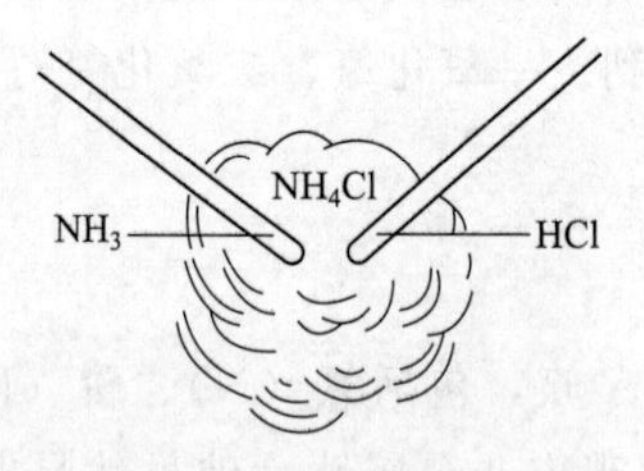

图 6-3-1　氨水与浓盐酸反应

现象：出现白烟。

化学方程式：

$$NH_3 + HCl \longrightarrow NH_4Cl$$

（2）在干燥的圆底烧瓶里充满氨气，用带有尖嘴玻璃管和滴管（滴管里预先吸入水）的塞子塞紧瓶口，立即倒置烧瓶，使玻璃管插入盛有水的烧杯里（水里事先加入少量的酚酞试液），挤压滴管胶头，使少量水进入烧瓶，烧杯里的水即由玻璃管吸入烧瓶（见图 6-3-2）。

现象：圆底烧瓶中形成喷泉，溶液变为红色。

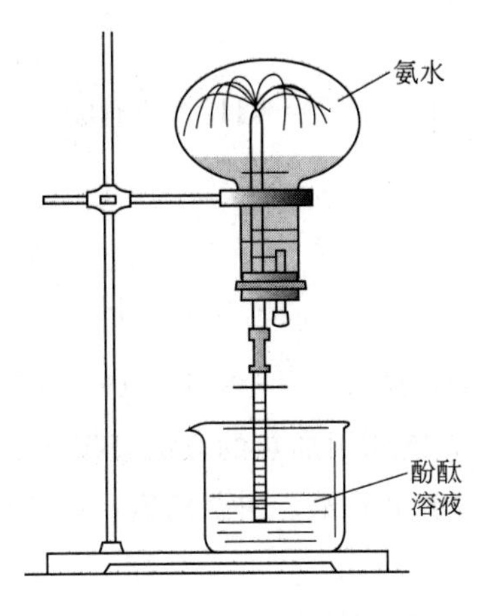

图 6-3-2　氨水反应

3. 氨气的实验室制法

在两支试管中各加入少量的 NH_4Cl、$Ca(OH)_2$ 固体，加热，将湿润的红色石蕊试纸放在试管口处（如图 6-3-3 所示）。

现象：红色的石蕊试纸变为蓝色。

化学方程式：

$$2NH_4Cl + Ca(OH)_2 \xrightarrow{\triangle} CaCl_2 + 2NH_3\uparrow + 2H_2O$$

三、铵盐

实验：给试管里的氯化铵晶体加热（见图 6-3-4）。

现象：当在试管中加热氯化铵晶体时，氯化铵逐渐受热分解为氯气和氨气，从试管底部消失，但与此同时，在试管上口部位，会出现白色结晶物质，即为受热分解后的氯气和氨气在试管口冷环境下重新化合生成氯化铵，这一现象与物理变化中的升华极为相似，因此称为“假升华”，但一定注意这是化学变化，是氯化铵分解又化合的反应。

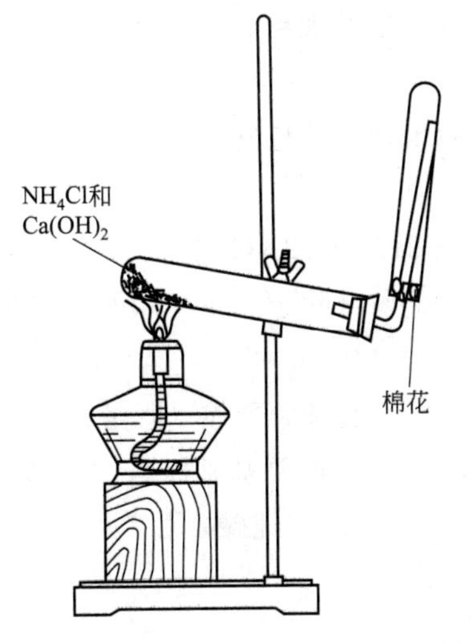

图 6-3-3　加热 NH_4Cl、$Ca(OH)_2$ 固体

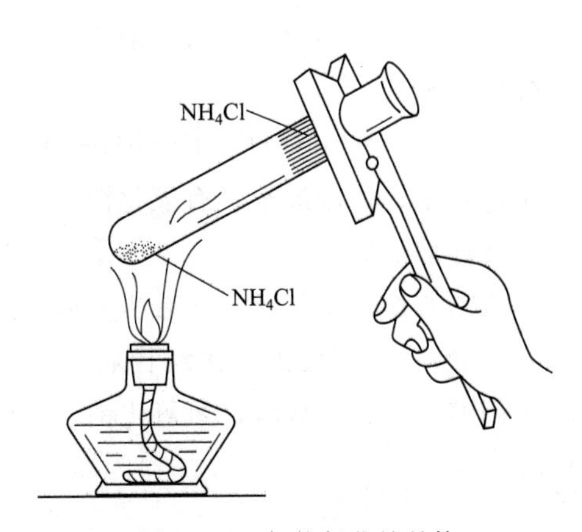

图 6-3-4　加热氯化铵晶体

化学方程式：

$$NH_4Cl \xrightleftharpoons{\triangle} NH_3\uparrow + HCl\uparrow$$

化学性质

（1）加热分解

$$NH_4Cl \xrightarrow{\triangle} NH_3 + HCl$$

$$NH_4HCO_3 \xrightarrow{\triangle} NH_3 + CO_2 + H_2O$$

在纯碱行业的蒸氨工序中，能够用加热的方法直接从溶液中（包括溶液中的 NH_3、$NH_3 \cdot H_2O$ 及氨的碳酸盐等）蒸出的氨，叫游离氨，用符号 F_{NH_3} 表示。

（2）与碱反应

$$NH_4Cl + NaOH \longrightarrow NaCl + NH_3 + H_2O$$

同样，在蒸氨工序，溶液中的 NH_4Cl、$(NH_4)_2SO_4$ 等不能单纯靠加热的方法而分解出氨，它们必须先经过化学反应转变成游离氨，然后才能从溶液中蒸出，称结合氨（或固定氨），用符号 C_{NH_3} 表示。

氨用于制氨水、液氨、氮肥（尿素、碳铵等）、硝酸、铵盐、纯碱，广泛应用于化工、轻工、化肥、制药、合成纤维、塑料、染料、制冷剂等。

四、硝酸

1. 硝酸的物理性质

纯硝酸是无色、易挥发、具有刺激性气味的液体，一般市售浓硝酸的质量分数大约为 69%，密度 $1.42g/cm^3$。质量分数为 98% 的硝酸极易挥发，与空气中的水蒸气形成酸雾，称发烟硝酸。

2. 硝酸的化学性质

实验：在两支试管中各放入一小块铜片，分别加入少量的浓硝酸和稀硝酸，立即用无色透明塑料袋将试管口罩上并系紧，观察发生现象。然后，将加浓硝酸的试管上的塑料袋稍稍松开，使少量空气进入塑料袋并系紧，观察发生的现象。

现象：（1）稀硝酸与铜在常温下不发生反应。

（2）密闭时反应有气泡产生，空气进入后出现红棕色气体。

化学方程式：

$$Cu + 4HNO_3\ (浓) \longrightarrow Cu(NO_3)_2 + 2H_2O + 2NO_2\uparrow$$

结论：浓、稀硝酸都具有氧化性，几乎能与所有金属（除金、铂等以外）和非金属发生氧化还原反应。

硝酸的用途非常广泛，在有机合成中进行硝化反应，制备硝酸铵（既是化肥，又是炸药）。硝酸在医药化工、化纤行业应用非常广泛，是化工重要基础原料“三酸两碱”之一［硝酸、硫酸、盐酸；氢氧化钠（火碱、烧碱）、碳酸钠（纯碱）］。

工业上的“三酸两碱”指的是哪些？你知道王水的主要成分吗？

王水：浓硝酸和浓盐酸的混合物（体积比 1∶3）。王水能使一些不溶于硝酸的金属如金、铂等溶解。

1. 制取氨的反应原理如何？
2. 如何检验氨是否收集满？能否用排水法收集氨？
3. 装置中收集氨的试管口放置的棉花其作用是什么？
4. 检验铵根离子的方法是什么？
5. 比较浓硝酸和稀硝酸的氧化性强弱。
6. 浓硝酸为什么呈黄色？在实验室里硝酸应该如何保存？

雾霾

雾霾天气，是指造成城市里大面积低能见度的情况。在早上或夜间相对湿度较大的时候，形成的是雾；在白天气温上升、湿度下降的时候，逐渐转化成霾。这种现象既有气象原因，也有污染排放原因。

雾是由大量悬浮在近地面空气中的微小水滴或冰晶组成的气溶胶系统，是近地面层空气中水汽凝结（或凝华）的产物。雾的存在会降低空气透明度，使能见度恶化，如果目标物的水平能见度降低到 1000m 以内，就将悬浮在近地面空气中的水汽凝结（或凝华）物的天气现象称为雾（fog）；而将目标物的水平能见度在 1000～10000m 的这种现象称为轻雾或霭（mist）。形成雾时大气湿度应该是饱和的（如有大量凝结核存在时，相对湿度不一定达到 100%就可能出现饱和）。就其物理本质而言，雾与云都是空气中水汽凝结（或凝华）的产物，所以雾升高离开地面就成为云，而云降低到地面或云移动到高山时就称其为雾。一般雾的厚度比较小，常见的辐射雾的厚度从几十米到一两百米左右。雾和云一样，与晴空区之间有明显的边界，雾滴浓度分布不均匀，而且雾滴的尺度比较大，从几微米到 100μm，平均直径为 10～20μm，肉眼可以看到空中飘浮的雾滴。由于液态水或冰晶组成的雾散射的光与波长关系不大，因而雾看起来呈乳白色或青白色。

霾也称灰霾，空气中的灰尘、硫酸、硝酸、烃类化合物等粒子使大气浑浊，视野模糊并导致能见度恶化，如果水平能见度小于 10000m 时，将这种非水成物组成的气溶胶系统造成的视程障碍称为霾（haze）或灰霾（dust-haze），香港天文台称烟霰（haze）。

随着空气质量的恶化，阴霾天气现象出现增多，危害加重。近期我国不少地区把阴霾天气现象并入雾，一起作为灾害性天气预警预报，统称为“雾霾天气”。

复　习　题

一、选择题

1. 下列物质中属于纯净物的是（　　）。

A. 盐酸　　B. 氯水　　C. 液氯　　D. 漂粉精

2. 下列气体中易溶于水的是（　　）。

A. H_2　　B. O_2　　C. Cl_2　　D. HCl

3. 下列物质中有漂白作用的是（　　）。

A. Cl_2　　B. $CaCl_2$　　C. HClO　　D. $Ca(ClO)_2$

4. 下列酸中能腐蚀玻璃的是（　　）。

A. 盐酸　　B. 氢氟酸　　C. 硫酸　　D. 硝酸

5. 下列物质暴露在空气中，不会变质的是（　　）。

A. 硫黄　　B. 氢硫酸　　C. 亚硫酸　　D. 烧碱

6. 在与金属的反应中，硫比较容易（　　）。

A. 得到电子，是还原剂　　B. 失去电子，是还原剂

C. 得到电子，是氧化剂　　D. 失去电子，是氧化剂

7. 我国评价城市空气的质量，经常监测的污染物是（　　）。

A. SO_2、CO、O_3、NO_2（氮氧化物）、可吸入颗粒物

B. SO_2、CO_2、NO、灰尘、水蒸气

C. SO_2、CO_2、N_2、NO_2、可吸入颗粒物

D. HCl、CO_2、NH_3、NO_2、灰尘

8. 下列有关浓硫酸的叙述中，正确的是（　　）。

A. 加热条件下浓硫酸与铜反应表现出浓硫酸的酸性和强氧化性

B. 常温下浓硫酸使铁、铝钝化，体现浓硫酸的酸性和氧化性

C. 浓硫酸用作干燥剂是利用它的脱水性

D. 浓硫酸与C、S等非金属反应表现出浓硫酸的酸性和强氧化性

9. 氮分子的结构很稳定的原因是（　　）。

A. 氮分子是双原子分子

B. 在常温、常压下，氮分子是气体

C. 氮分子是分子晶体

D. 氮分子中有三个共价键，其键能大于一般的双原子分子

10. 关于氨的下列叙述中，错误的是（　　）。

A. 是一种制冷剂　　B. 氨在空气中可以燃烧

C. 氨极易溶于水　　D. 氨水是弱碱

二、写出下列反应的化学方程式

1. 实验室制取氯气

2. 工业上制取氯气

3. 制取漂粉精

4. 用硫铁矿（FeS_2）制取硫酸

5. 浓硫酸与铜反应

6. 铵盐与氢氧化钠共热

7. 稀硝酸与铜反应

三、推断题

1. 已知 A、B、C、D、E、F、G、H 和 I 是化学中常见的气体，它们均由短周期元素组成，具有如下性质：

① A、B、E、F、G 能使湿润的蓝色石蕊试纸变红，I 能使湿润的红色石蕊试纸变蓝，C、D、H 不能使湿润的石蕊试纸变色；

② A 和 I 相遇产生白烟；

③ B 和 E 都能使品红溶液褪色；

④ 将红热的铜丝放入装有 B 的瓶中，瓶内充满棕黄色的烟；

⑤ 将点燃的镁条放入装有 F 的瓶中，镁条剧烈燃烧，生成白色粉末，瓶内壁附着黑色颗粒；

⑥ C 和 D 相遇生成红棕色气体；

⑦ G 在 D 中燃烧可以产生 E 和 H_2O；

⑧ 将 B 和 H 在瓶中混合后于亮处放置几分钟，瓶内壁出现油状液滴并产生 A。

回答下列问题：

(1) A 的化学式是________________，②中烟雾的化学式是________________；

(2) ④中发生反应的化学方程式是________________________________；

(3) ⑤中发生反应的化学方程式是________________________________；

(4) C 的化学式是__________，D 的化学式是__________；

(5) ⑦中发生反应的化学方程式是____________________________；

(6) H 的化学式是__________。

2. 饮用水质量是关系人类健康的重要问题。

(1) 氯气是最早用于饮用水消毒的物质，其消毒作用主要是氯气溶于水后生成了次氯酸，该反应的离子方程式为________________。

(2) 写出工业上制取漂白粉的化学反应方程式：________________________________
____。

(3) ClO_2 被称为第四代饮用水消毒剂，因其高效率、无污染而被广泛使用。制备 ClO_2 是发达国家普遍重视的课题，我国已用电解法批量生产 ClO_2。其反应原理为：$4ClO_3^- + 4H^+ \xrightarrow{\text{通电}} 4ClO_2 + O_2 + 2H_2O$，试写出两电极反应式。

阳极：________________________________；

阴极：________________________________。

(4) 相同物质的量的氯气与二氧化氯消毒时转移电子数目之比是__________。

(5) 采用氧的一种同素异形体给自来水消毒，既提高了消毒效率，又因为该物质在自然界中存在，对地球生命体起保护伞作用，该物质和氯气溶于水以及 SO_2 的漂白原理分别是______________；______________；______________。

任务评价

目标	评价要素	评价标准	评价依据	考核方式			得分	权重
				自评 20%	互评 20%	师评 60%		
知识	基本知识	1. 掌握的知识点 2. 完成书面作业 3. 分析和解决问题	1. 个人作业 2. 课堂笔记 3. 课堂练习 4. 项目测试					35%
能力	基本技能	1. 会叙述氯化氢和盐酸的性质及用途 2. 知道次氯酸的作用和漂白粉的制备方法 3. 会 Cl^-、Br^-、I^- 溶液的鉴别方法 4. 知道硫的存在形式及性质，掌握含硫化合物的物理性质和化学性质 5. 掌握氮、磷、硅及其化合物的物理性质和化学性质	1. 课堂练习 2. 技能测试 3. 实验(实训)报告					50%
情感与素质	学习态度	1. 出勤情况 2. 遵章守纪 3. 主动学习 4. 完成作业 5. 独立探究问题	1. 考勤表 2. 同学及教师观察 3. 课堂笔记 4. 课前准备 5. 个人或小组作业					5%
	沟通协作管理	1. 信息搜集与加工 2. 分工协作 3. 观点表达 4. 理解沟通	1. 乐于请教和帮助同学 2. 小组活动协调和谐 3. 协作教师教学管理 4. 同学及教师观察					5%
	创新精神	1. 创新思维 2. 创新技能	1. 自主学习计划 2. 个人口头或书面提议 3. 协作完成创新作品					5%
总计								

项目七

常见金属元素及其化合物

任务一 了解金属通性

任务目标

1. 会叙述金属键的概念。
2. 知道金属的通性和冶炼方法。
3. 知道金属腐蚀的情况和防腐方法。
4. 在生活中能对某些金属作简单的防腐。
5. 从化学视角去分析与解决生活、生产中的有关问题。

任务引入

金属是重要的生产原料，广泛应用于工农业生产、国防科技、科学研究和日常生活中。

知识与技能准备

金属原子最外层的电子极易失去，失去电子变为金属离子。在金属单质中，原子和离子靠自由电子的运动相互连接着，这样形成的化学键叫金属键。

一、金属的通性

金属的通性如图 7-1-1 所示。

知识拓展

金属的分类

金属可分成两大类，即黑色金属和有色金属。除了铁、锰、铬以外，其他金属都算有色金属。黑色金属铁、锰、铬，它们三个其实都不是黑色的。纯铁是银白色的；锰是银白色的；铬是灰白色的。因为铁的表面常常生锈，盖着一层黑色的四氧化三铁与棕褐色的氧化铁的混合物，看上去是黑色的，所以人们称之为“黑色金属”。除了铁、锰、

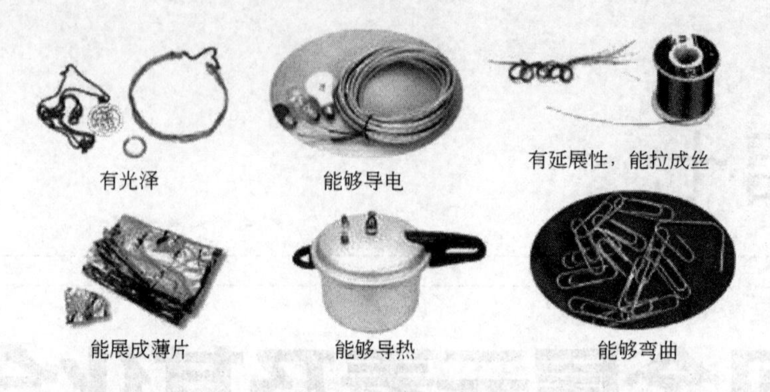

图 7-1-1 金属的通性

铬以外，其他的金属都算有色金属。

在有色金属中，按照密度来分，铝、镁、锂、钠、钾等的密度小于 4.5g/cm^3，叫做“轻金属”，而铜、锌、镍、汞、锡、铅等的密度大于 4.5g/cm^3，叫做“重金属”。像金、银、铂、锇、铱等比较贵，叫做“贵金属”，镭、铀、钍、钋、锝等具有放射性，叫做“放射性金属”，还有像铌、钽、锆、镥、金、镭、铪、铀等因为地壳中含量较少，或者比较分散，人们又称之为“稀有金属”。

二、金属的化学性质

金属通常易失去电子，表现出较强的还原性。但各种金属失去电子的能力是不相同的，越容易失去电子的金属，化学性质越活泼，越易与其他物质发生反应，即还原能力越强（见图 7-1-2）。

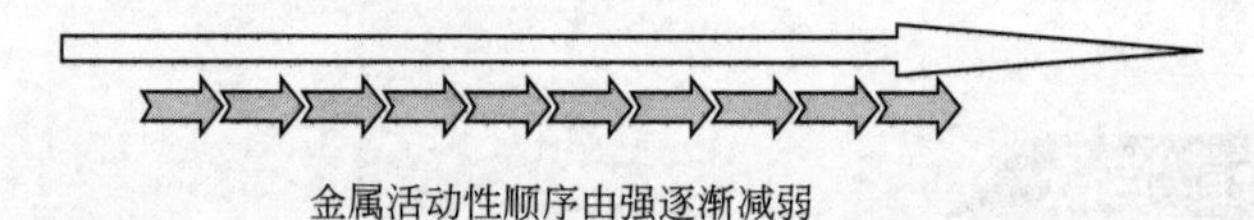

图 7-1-2 金属活动性顺序表

实验：

(1) 在两支试管中分别装入少量蒸馏水，并各加酚酞数滴，再将两小块金属钙、镁分别投入试管中，观察实验现象。

现象：加入钙的试管内剧烈反应，放出大量气体和热量；加入镁的反应不太剧烈，但仍有气泡产生，溶液都变成红色。

化学方程式：

$$Ca + 2H_2O \longrightarrow Ca(OH)_2 + H_2 \uparrow$$

$$Mg + 2H_2O \longrightarrow Mg(OH)_2 + H_2 \uparrow$$

(2) 将放镁的试管置于酒精灯上加热，观察反应现象。

现象：试管内剧烈反应，放出大量的热。

钙、镁与氧气、酸反应的化学方程式：

$$Ca + 2HCl \longrightarrow CaCl_2 + H_2\uparrow$$

$$Mg + 2HCl \longrightarrow MgCl_2 + H_2\uparrow$$

$$2Mg + O_2 \longrightarrow 2MgO$$

三、合金

由两种或两种以上的金属或非金属所组成的具有金属特性的物质，称为合金。

1. 合金的主要类型

根据结构不同，合金可以分成如下类型。

① 混合物合金（共熔混合物） 当液态合金凝固时，构成合金的各组分分别结晶而成的合金，如焊锡、铋镉合金等。

② 固溶体合金 当液态合金凝固时形成固溶体的合金，如金银合金等。

③ 金属互化物合金 各组分相互形成化合物的合金，如铜、锌组成的黄铜等。

2. 各类型合金通性

① 多数合金熔点低于其组分中任一种组成金属的熔点。

② 硬度一般比其组分中任一金属的硬度大（特例：钠钾合金是液态的，用于原子反应堆里的导热剂）。

③ 合金的导电性和导热性低于任一组分金属，利用合金的这一特性，可以制造高电阻和高热阻材料。还可制造有特殊性能的材料。

④ 有的抗腐蚀能力强（如不锈钢），如在铁中掺入15%铬和9%镍得到一种耐腐蚀的不锈钢，适用于化学工业。

3. 常见合金

球墨铸铁、锰钢、不锈钢、黄铜、青铜、白铜、焊锡、硬铝、18K黄金、18K白金等。

四、金属的冶炼

自然界中的大多数金属以化合态的形式存在，而日常应用的金属材料都为合金或纯金属，这就需要把金属从矿石中提炼出来，也就是人们常说的金属的冶炼。金属的冶炼是利用氧化还原反应，把金属从化合态变为游离态。常用碳、一氧化碳、氢气等还原剂与金属氧化物在高温下反应。

五、金属的腐蚀及防腐

金属和周围介质接触，发生化学作用或电化学作用而引起的破坏称为金属的腐蚀。

1. 金属的腐蚀

金属和周围介质接触，发生化学作用或电化学作用而引起的破坏称为金属的腐蚀。由于金属接触的介质不同，发生腐蚀的情况也不同。一般可分为化学腐蚀和电化学腐蚀两种。

（1）化学腐蚀

金属直接与周围介质发生氧化还原反应而引起的金属腐蚀，称为化学腐蚀。温度升高，化学腐蚀的速率加快。如钢材在常温和干燥的空气中不易受到腐蚀，但在高温下，容易被空气中的氧所氧化，生成一层氧化物薄膜。形成一层致密的覆盖在金属表面上的化合物，可以保护金属内部，使腐蚀速率降低。金属在非电解质溶液中，如苯以及含硫的石油等有机液体中发生的腐蚀，也是化学腐蚀。如常温下铝在空气中，表面能生成一层致密的氧化物薄膜，防止铝进一步氧化。

（2）电化学腐蚀

金属和电解质溶液接触时，由于电化学作用而引起的腐蚀，称为电化学腐蚀。电化学腐蚀和化学腐蚀都是铁等较活泼金属原子失去电子而被氧化，电化学腐蚀比化学腐蚀要普遍得多，腐蚀速率也快得多。

2. 常用金属的防腐方法

（1）制成耐腐蚀合成

改变金属的内部组织结构，制造各种耐腐蚀的合金，如在普通钢铁中加入铬、镍等制成不锈钢。

（2）保护层法

在金属表面覆盖保护层，使金属制品与周围腐蚀介质隔离，防止腐蚀。如在钢铁制件表面涂上机油、凡士林、涂料或覆盖搪瓷、塑料等耐腐蚀的非金属材料。

（3）电化学保护法

利用原电池原理进行金属的保护。如通常在轮船的外壳水线以下或在靠近螺旋桨的舵上焊上若干块锌块，来防止船壳等的腐蚀。

（4）使用缓蚀剂

能减缓金属腐蚀速率的物质叫缓蚀剂。在腐蚀介质中加入缓蚀剂，防止金属的腐蚀。

任务实施

1. 一铁制品表面的锈蚀，请选用合适的化学试剂除去，浓硫酸、稀盐酸，并写出化学方程式。

2. 写出一氧化碳与氧化铁反应的化学方程式。

任务二　认识钠及其重要化合物

任务目标

1. 记住钠的存在形态、存放、制取。

2. 能够描述钠的性质及其重要化合物的性质和用途。

3. 会判别碱金属的性质和焰色反应。

4. 知道钠着火时的灭火方法及原理。

知识与技能准备

一、钠

1. 钠的物理性质

实验：从煤油里取出一小块钠，用滤纸吸干表面的煤油，用小刀小心地切割钠块。

钠呈银白色，具有金属光泽，很软，用小刀就能很容易切割。熔点370.96K，沸点1156K，密度0.97g/cm^3。钠是热和电的良导体。

2. 钠的化学性质

实验：

（1）观察被切开的钠的断面上所发生的变化。

现象：被切开的金属钠断面，在空气中银白色很快变暗且失去金属光泽。

化学方程式：

$$4Na + O_2 \longrightarrow 2Na_2O$$

（2）把一小块钠放在蒸发皿里加热，观察反应的现象。

现象：钠燃烧时火焰呈黄色，有淡黄色的过氧化钠生成。

化学方程式：

$$2Na + O_2 \xrightarrow{\text{点燃}} Na_2O_2\text{（过氧化钠）}$$

（3）在烧杯中加一些水，滴入几滴酚酞溶液，然后把一小块钠放入水中。

现象：钠比水轻，浮在水面上，它和水剧烈反应放出气体，放出的热使钠熔化成银白色的小球，在水面迅速游动，球逐渐消失，烧杯中的溶液由无色变成紫红色。

化学方程式：

$$2Na + 2H_2O \longrightarrow 2NaOH + H_2\uparrow$$

钠与水反应剧烈，能引起氢气燃烧，所以钠失火不能用水扑救，必须用干燥沙土覆盖来灭火。钠具有很强的还原性，可以从一些熔融的金属卤化物中把金属置换出来。由于钠极易与水反应，所以不能用钠把居于金属活动性顺序钠之后的金属从其盐溶液中置换出来。

二、钠的化合物

1. 过氧化钠（Na_2O_2）

过氧化钠是淡黄色的粒状或粉末状的固体，易吸潮。

实验：

把水滴入盛有过氧化钠的试管里，用带火星的木条放在管口。

现象：有气泡产生，带火星的木条复燃。

化学方程式：

$$2Na_2O_2 + 2H_2O \longrightarrow 4NaOH + O_2\uparrow$$

过氧化钠可跟二氧化碳反应，生成碳酸钠，放出氧气。

化学方程式：

$$2Na_2O_2+2CO_2 \longrightarrow 2Na_2CO_3+O_2\uparrow$$

过氧化钠在防毒面具和潜水艇中做二氧化碳的吸收剂或供氧剂。2014 年 10 月北京马拉松赛遇到雾霾天气，很多选手戴的防尘面具，就是过氧化钠与呼出的二氧化碳反应后可用于供氧。

2. 氢氧化钠（NaOH）

实验：取一小块氢氧化钠，把它放置在干燥的表面皿上，观察它的颜色及固体表面的变化。

现象：吸潮，发生潮解（见图 7-2-1）。

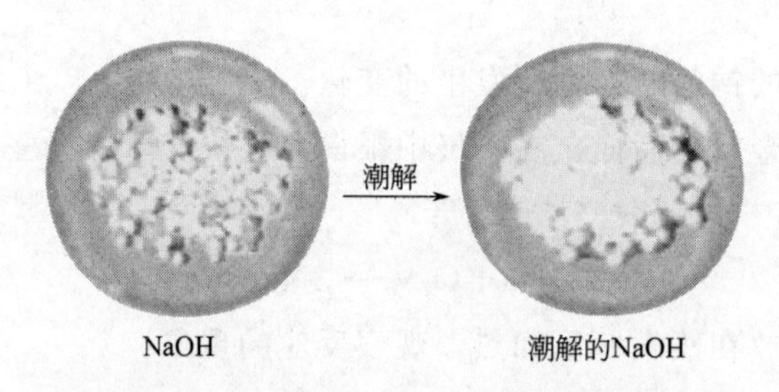

图 7-2-1　氢氧化钠的潮解

某些易溶于水的物质吸收空气中的水蒸气，在晶体表面逐渐形成溶液或全部溶解的现象叫潮解。容易潮解的物质如 $CaCl_2$、$MgCl_2$、$FeCl_3$、$AlCl_3$、NaOH 等无机盐或碱。易潮解的物质常用作干燥剂，易潮解的物质必须在密闭条件下保存。

化学方程式：

$$2NaOH+CO_2 \longrightarrow Na_2CO_3+H_2O$$

氢氧化钠俗称烧碱、火碱、苛性钠，是一种白色固体，极易溶解于水并放出大量热，有吸水性，可用作干燥剂，且在空气中易潮解，对皮肤和织物有很强的腐蚀性。使用氢氧化钠时要特别小心，万一沾到皮肤上，要立即用清水冲洗，然后用 2% 的硼酸水洗涤。

NaOH 是强碱，具有碱的通性。如能与 CO_2、SiO_2 等酸性氧化物反应。

3. 碳酸钠和碳酸氢钠

碳酸钠俗名纯碱或苏打，是白色粉末，易溶于水。碳酸钠晶体（$Na_2CO_3 \cdot 10H_2O$）含结晶水，在干燥的空气中易失去结晶水而成为无水碳酸钠。碳酸氢钠（$NaHCO_3$）俗名小苏打，是一种细小的白色晶体，在 293.15K 以上时，比碳酸钠在水中的溶解度小得多。

实验：

分别加热碳酸钠、碳酸氢钠（见图 7-2-2）。

化学方程式：

$$2NaHCO_3 \xrightarrow{\triangle} Na_2CO_3+H_2O+CO_2$$

Na_2CO_3是重要的化工原料之一，广泛应用于玻璃、造纸、纺织等工业。$NaHCO_3$是发酵粉的主要成分，在医疗上可用于治疗胃酸过多，还用于泡沫灭火器。

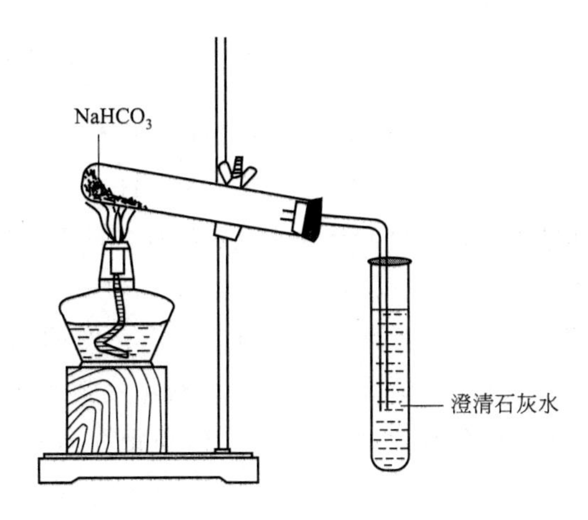

图 7-2-2　加热碳酸钠、碳酸氢钠

三、碱金属

碱金属元素在自然界中都以化合态存在，位于元素周期表的ⅠA族，锂（Li）、钾（K）、铷（Rb）、铯（Cs）的原子结构和性质跟钠有很大的相似性，它们的单质都是由人工制得。

1. 碱金属原子的原子结构和物理性质

碱金属元素的原子结构

元素名称	元素符号	核电荷数	电子层结构	原子半径/nm		离子半径/nm		
锂	Li	3	2 1	0.152	Li	Li^+	0.068	Li^+
钠	Na	11	2 8 1	0.186	Na	Na^+	0.097	Na^+
钾	K	19	2 8 8 1	0.227	K	K^+	0.133	K^+
铷	Rb	37	2 8 18 8 1	0.248	Rb	Rb^+	0.147	Rb^+
铯	Cs	55	2 8 18 18 8 1	0.265	Cs	Cs^+	0.167	Cs^+

（1）比较碱金属元素的原子结构的异同点；

（2）比较碱金属物理性质的异同点。

2. 碱金属的化学性质

碱金属原子容易失去最外层上的1个电子，而呈+1价，表现出很强的金属性。

（1）跟非金属反应

化学方程式

$$4Na+O_2 \longrightarrow 2Na_2O$$

$$2Na+Cl_2 \longrightarrow 2NaCl$$

(2) 跟水的反应

化学方程式

$$2K+2H_2O \longrightarrow 2KOH+H_2\uparrow$$

$$2Na+2H_2O \longrightarrow 2NaOH+H_2\uparrow$$

锂跟水的反应不如钠剧烈，而铷和铯遇水立即燃烧，甚至发生爆炸，说明碱金属的化学活动性依次为 Li＜Na＜K＜Rb＜Cs。

碱金属及其化合物在生活、生产和科学研究上有广泛的用途。钾、钠元素是人体不可缺少的常量元素；钾盐是重要的化肥，钾的化合物用于制造液态肥皂和玻璃等；锂在冶金、医药等方面都有广泛的应用；铷和铯在普通光的照射下能放出电子，可用于制造光电管。

四、焰色反应

实验：把装在玻璃棒上的铂丝（也可用无锈的铁丝或镍、铬、钨丝）放在酒精灯焰上灼烧，等到跟原来的火焰颜色相同时，用铂丝蘸取碳酸钠溶液，放在火焰上就可以看到火焰呈黄色。

金属或它们的化合物在灼烧时都能使火焰呈现不同的颜色，根据焰色反应所呈现的特殊颜色，可以检验金属和金属离子的存在。例如，钠盐呈黄色，钾盐呈紫色（透过蓝色的钴玻璃），钙盐呈砖红色，钡盐呈黄绿色，铜盐呈绿色等。

结论：很多金属和它们的化合物在灼烧时，能使火焰呈特殊的颜色，这在化学上叫做焰色反应。在科学实验上，可以应用焰色反应来检验一些金属或金属化合物。

1. 北京雾霾天很多人戴的防尘面具和潜水艇里，过氧化钠与二氧化碳反应产生的氧气供给吸气，写出化学方程式。

2. 写出氢氧化钠与二氧化硅的反应式。

3. 为什么钠跟水反应时，浮在水面上，并熔化成闪亮的小球？

4. 为什么通常把钠保存在煤油里？

5. 为什么氢氧化钠固体要放置在干燥密封的容器里？

6. 氢氧化钠溶液用玻璃容器还是塑料容器，如何盛放？

7. 举例说明什么叫潮解？在饼干、瓜子等食品包装中有一袋“请勿食用”的小包装，请问是什么化学物质？为什么？

8. 用化学的方法区别碳酸钠（Na_2CO_3）与碳酸氢钠（$NaHCO_3$）。

碱金属及其化合物的用途

碱金属及其化合物在生活、生产和科学研究上有广泛的用途。钾、钠元素是人体不可缺少的常量元素。钾盐是重要的化肥，钾肥全称钾素肥料。以钾为主要养分的肥料，植物体内含钾一般占干物质重的0.2%～4.1%，仅次于氮。钾在植物生长发育过程中，参与60种以上酶系统的活化、光合作用、同化产物的运输、碳水化合物的代谢和蛋白质的合成等过程。国内现有的钾肥产能主要集中在青海格尔木及新疆罗布泊地区。青海盐湖集团公司是全国最大的钾肥生产基地。钾的化合物用于制造液态肥皂和玻璃等。锂在冶金、医药等方面都有广泛的应用。铷和铯在普通光的照射下能放出电子，可用于制造光电管。

任务三　认识钙、镁、铝及其重要化合物

任务目标

1. 概述钙、镁、铝的性质。
2. 知道铝与一般金属的区别。
3. 概述钙、镁、铝重要化合物的俗名及用途。
4. 具有分析归纳问题的能力。

知识与技能准备

一、钙、镁的性质

钙和镁都是银白色的轻金属，是元素周期表中ⅡA族（碱土金属）的元素，它们的密度、硬度、熔点等均比相应的碱金属要高。

1. 物理性质

Mg、Ca、Al的主要物理性质比较见表7-3-1。

表7-3-1　Mg、Ca、Al的主要物理性质比较

项目	Mg	Ca	Al
摩尔质量/(g/mol)	24	40	27
熔点/K	923	1118	933
密度/(g/cm^3)	1.74	1.54	2.70
颜色	银白色	银白色	银白色

2. 化学性质

（1）镁条燃烧

实验：取一段镁条，用砂纸擦去其表面的氧化物，用镊子夹住放在酒精灯上灼烧。

现象：镁在空气中燃烧，生成白色粉末状的氧化镁，同时发出耀眼的白光，放出大量的热，可以利用镁来制造照明弹。

化学方程式：

$$2Mg + O_2 \xrightarrow{点燃} 2MgO$$

（2）与氧气反应

钙在空气中立刻被氧化，表面生成一层疏松的氧化物，对内部的金属起不到保护作

用，所以钙应保存在密闭容器里。

镁在空气中，表面会生成一层致密的氧化物保护膜，保护内层镁不再被氧化，所以金属镁可以直接存放在空气中。

(3) 与水反应

钙与冷水能迅速反应。镁在冷水中反应非常缓慢，只有在沸水中，才能较显著地反应。

反应方程式：

$$Ca+2H_2O \longrightarrow Ca(OH)_2+H_2\uparrow$$
$$Mg+2H_2O \longrightarrow Mg(OH)_2\downarrow+H_2\uparrow$$

二、钙、镁的重要化合物

1. 氧化镁 (MgO)

白色或淡黄色粉末，无臭、无味，该品不溶于水或乙醇，微溶于乙二醇，熔点2852℃，沸点3600℃，氧化镁有高度耐火绝缘性能。经1000℃以上高温灼烧可转变为晶体，升至1500℃以上则成死烧氧化镁（也就是所说的镁砂）或烧结氧化镁。

2. 氢氧化镁 [$Mg(OH)_2$]

氢氧化镁是白色粉末，溶解度小，是中强碱，具有碱的通性，是应用于塑料、橡胶等高分子材料的优良阻燃剂和填充剂。在环保方面作为烟道气脱硫剂，用作油品添加剂，起到防腐和脱硫作用等。

3. 氯化镁 ($MgCl_2$)

通常含有六个分子结晶水，即 $MgCl_2 \cdot 6H_2O$，易潮解。为单斜晶体，有咸味，是通常所说的盐卤的主要成分。

4. 氧化钙 (CaO)

氧化钙，俗称生石灰，简称石灰，是一种白色耐火的物质，易与水反应，用于建筑工业，还用于制造电石、液碱、石膏等。

5. 氢氧化钙 [$Ca(OH)_2$]

氢氧化钙俗称消石灰或熟石灰，是一种白色粉末状固体，微溶于水，在空气中能吸收 CO_2。

$$Ca(OH)_2+CO_2 \longrightarrow CaCO_3\downarrow+H_2O$$

用于制漂粉精、检验 CO_2 气体、改良土壤酸性，在氨碱法制纯碱生产中，可除去镁盐，用于盐水的精制。

6. 碳酸钙 ($CaCO_3$)

碳酸钙是白色固体，不溶于水，但能溶于含 CO_2 的水中，生成可溶性的碳酸氢钙，即碳酸钙与碳酸氢钙的相互转化正是溶洞与钟乳石形成的原因。自然界中的大理石、石灰石、白垩等的主要成分都是 $CaCO_3$，在氨碱法制纯碱生产中，碳酸钙是主要原料之一。

三、铝

铝是继铜、铁之后，第三种广泛被人类应用的金属。铝在地壳中的分布量在全部化学元素中仅次于氧和硅，占第三位，在全部金属元素中占第一位。铝是比较活泼的金属，在自然界中以化合态的形式存在于各种岩石或矿石中，如长石、云母、铝土矿等。

1. 铝的物理性质

铝是银白色的、具有光泽的轻金属。它具有良好的导热性、导电性和延展性。铝可制作高压输电线，制成铝箔作为包装材料，制作炊具，制成银白色的防锈涂料，还可以作为航天材料。此外，铝常用于制造合金。

2. 铝的化学性质

铝的化学性质比较活泼，它既能与非金属、酸等发生反应，也能与强碱溶液发生反应，是一种两性金属。

（1）与氧气等非金属反应

常温下，铝与空气中的氧气发生反应，在其表面生成一层致密的氧化物保护膜，阻止金属内层进一步被氧化，所以金属铝在空气和水中具有良好的抗腐蚀性。铝粉或铝箔在高温下加热，也能够燃烧，发出耀眼的白光，并放出大量的热。

铝跟氧的反应式：

$$4Al+3O_2 \xrightarrow{\text{点燃}} 2Al_2O_3$$

（2）铝跟酸或碱的反应

实验：取两支试管，分别加入 5mL 2mol/L 的盐酸和 NaOH 溶液。

再往这两支试管中各放入一小段铝片，并用带火星的木条放在两试管口，观察实验现象。

现象：试管内都有气泡产生，燃着的木条火焰呈蓝色。

结论：铝是两性金属，既能与酸反应，又能与碱反应，并都有氢气放出。

反应方程式：

$$2Al+2NaOH+2H_2O \longrightarrow 2NaAlO_2+3H_2\uparrow$$

$$2Al+6HCl \longrightarrow 2AlCl_3+3H_2\uparrow$$

四、铝的重要化合物

1. 氧化铝（Al_2O_3）

氧化铝是一种不溶于水，且熔点高、难熔的白色固体。新制备的氧化铝粉末化学活性较强，是一种典型的两性氧化物。自然界中存在的铝的氧化物主要有铝土矿（又称矾土），可用来提取纯氧化铝。工业上，可用氧化铝作原料，采用电解的方法制取铝。自然界中还存在比较纯净的氧化铝晶体，称为刚玉，其硬度很高，仅次于金刚石。刚玉主要用于制造砂轮、砂纸和研磨石，用于加工光学仪器和某些金属制品。天然刚玉的矿石中如果含有微量的铁和钛的氧化物，呈蓝色，俗称蓝宝石；如果含有微量的铬（Ⅲ），则呈红色，俗称红宝石（见图 7-3-1）。

2. 氢氧化铝［$Al(OH)_3$］

氢氧化铝是不溶于水的白色胶状物质，是两性的氢氧化物。氢氧化铝经煅烧可以得到纯净的氧化铝。氢氧化铝是胃药（胃舒平等）的主要成分，用于治疗胃溃疡和胃酸过多。

图 7-3-1　蓝宝石和红宝石

3. 明矾［$KAl(SO_4)_2 \cdot 12H_2O$］

明矾又称白矾、钾矾、钾铝矾、钾明矾、十二水合硫酸铝钾，是含有结晶水的硫酸钾和硫酸铝的复盐。明矾水解后，氢氧化铝胶体的吸附能力很强，可以吸附水中悬浮的杂质并形成沉淀，使水澄清。所以，明矾是一种较好的净水剂。明矾可用于制备铝盐、发酵粉、涂料、澄清剂、媒染剂、造纸、防水剂等。

任务实施

1. 铝是活泼金属，为什么不容易被腐蚀？

2. 家庭用的铝锅为什么不宜用碱液洗涤？为什么不宜用来蒸煮酸的食物？

3. 明矾为什么可以做净水剂？

4. 在日常生活中，特别是在早餐中，提起油条，可以说是家喻户晓。很多人喜欢油条搭配豆浆吃一顿营养早餐。可是过多地食用油条对我们的身体会产生很大的危害，这是为什么呢？

5. 上网查找铝还有哪些用途？

阅读材料

微量金属元素与人体健康

古往今来，人类一直在不断探索生命之谜，保护人体健康、延年益寿已成为人类梦寐以求的美好愿望。目前已发现的许多元素在人体内的含量不足人体体重的万分之一，这些元素的总量之和还不足人体体重的千分之一，故取名为微量元素。微量元素是人体中酶、激素、维生素等活性物质的核心成分，对人体的正常代谢和健康起着重要作用。现代医学证明，人体所含微量元素的多少与癌症、心血管疾病及人类的寿命有着密切的关系。因此微量元素被誉为量微功奇的元素。

近年来，微量元素与人体健康的关系越来越引起人们的重视，含有某些微量元素的食品也应运而生。所谓微量元素是针对大量元素而言的。人体内的大量元素又称为主要元素，共有 11 种，按需要量多少的顺序排列为：氧、碳、氢、氮、钙、磷、钾、硫、钠、氯、镁。其中氧、碳、氢、氮占人体质量的 95%，其余约 4%。此外，微量元素约占1%。习惯上把含量高于0.01%的元素称为常量元素，低于此值的元素称为微量元素。人体若缺乏某种主要元素，会引起人体机能失调，但这种情况很少发生，一般的饮食含有绰绰有余的宏量元素。微量元素虽然在体内含量很少，但它们在生命过程中的作用不可低估。没有这些必需的微量元素，酶的活性就会降低或完全丧失，激素、蛋白质、维生素的合成和代谢也会发生障碍，人类生命过程就难以继续进行。

在生命必需的元素中，金属元素共有14种，其中钾、钠、钙、镁的含量占人体内金属元素总量的99%以上，其余10种金属元素的含量很少。钙是人体中含量最多的金属元素，约占成人体重的1.5%～2%，其中99%的钙存在于骨骼和牙齿中，1%存在于血液中。钙参与骨骼和牙齿的形成并钙化，还能促进维生素 B_1 的吸收，使脂肪分解酶被激活，参与凝血和肌肉的收缩过程。婴幼儿缺少钙，常发生软骨病和佝偻病。成人体内含有21～28g镁，存在于骨骼、肌肉和软组织中。镁是细胞中几百万种生化反应的催化剂。钠和钾的化合物是人体重要的电解质，对于保持细胞和血液之间的电平衡、化学平衡起着重要作用。钠存在于细胞外，钾在细胞内。对高血压患者，应注意“低盐”，或用氯化钾代替。至于肾脏病患者，这两种盐都必须限制。铁在人体中的含量为百万分之四十，是人体血红蛋白、肌红蛋白、细胞色素的主要成分，它的主要功能是参加氧和二氧化碳的运输。人长期慢性失血、铁摄入量不足或吸收障碍，可患缺铁性贫血。人体中平均含锌总量为2g。锌是一百多种酶的合成成分之一，对蛋白质合成以及新陈代谢起重要作用，所以儿童缺锌会影响生长和发育。另外锌含量低还与听力减退有关。但是锌也不能摄入过多，高剂量的锌可造成铜的缺乏，还可引起缺铁性贫血。一般成人体内含铜0.1～0.2g，它是许多酶的组成部分，并对人体新陈代谢的调节起重要作用。缺铜还会引起脱发症。铅和铅的化合物都有毒，它能抑制血红蛋白的合成，致使卟吩代谢发生障碍，引起中毒。铬元素对人体有两面性。低价态的铬，能参与糖和脂肪类物质的代谢作用，并促进人体的发育成长。缺少低价铬，胰岛素的作用很快下降，严重时可患糖尿病。而高价态的铬可以干扰很多重要酶的活性，破坏肝、肾的重要功能，严重的引起癌症。镉、汞等金属对人体有毒。

任务四　认识配位化合物

任务目标

1. 记住配合物的定义。
2. 记住配合物的组成。
3. 会配合物的命名方法。
4. 具有较强的归纳、推理、观察、分析问题和解决问题的能力。

知识与技能准备

许多金属元素尤其是副族和Ⅷ族的金属元素容易形成一种组成比较复杂且性质特殊的化合物——配位化合物（简称配合物），那么 $[Cu(NH_3)_4]SO_4$ 属于哪一类化合物呢？

一、配合物的定义

配位化合物简称配合物，又称络合物，是一类应用非常广泛的化合物。

实验：

在一支试管中加入 5mL 0.1mol/ L $CuSO_4$溶液，再滴加 2mol/ L $NH_3 \cdot H_2O$ 溶液，直到溶液变为深蓝色，然后将溶液分别倒入 A、B 两支试管中，A 试管中滴加数滴 0.1mol/L $BaCl_2$溶液，B 试管中滴加数滴 1mol/L NaOH 溶液。

现象：

A 试管中有白色 $BaSO_4$沉淀；B 试管中没有蓝色絮状 $Cu(OH)_2$沉淀。

溶液中的 Cu^{2+}与 $NH_3 \cdot H_2O$ 形成了稳定的复杂离子$[Cu(NH_3)_4]^{2+}$，这种复杂离子叫铜氨配离子，为深蓝色，它在溶液和晶体中都能稳定存在。

在$[Cu(NH_3)_4]^{2+}$中，Cu^{2+}和 NH_3分子之间是靠什么键结合的呢？氮原子上有一对没有和其他氨分子共用电子，形成配位键（即共用电子对有一个原子或者离子单方面提供而与另一个原子或离子共用形成的化学键，称为配位键）。能形成配位键的双方，一方能提供孤对电子，而另一方能接受这一孤对电子。配位键用“→”表示。类似这样的离子有很多，如银氨配离子（$[Ag(NH_3)_4]^{2+}$）、铁氰配离子（$[Fe(CN)_6]^{3-}$）等。

1. 配离子

由一个阳离子和一定数目的中性分子或阴离子以配位键结合而形成的能稳定存在的复杂离子叫做配离子。配离子有配阳离子和配阴离子，如 $[Cu(NH_3)_4]^{2+}$为配阳离子，$[Fe(CN)_6]^{3-}$为配阴离子。

2. 配合物

配离子和带相反电荷的离子组成的化合物叫配合物。

二、配合物的组成

配合物的组成很复杂，一般由内界和外界组成。内、外界之间以离子键结合，在水中全部解离。内界是配合物的特征部分，即为配离子，它由一个带正电荷的中心离子和配位体组成。配合物的化学式中，方括号内是配合物的内界，方括号外是配合物的外界。如$[Cu(NH_3)_4]SO_4$、$K_3[Fe(CN)_6]$等。

1. 中心离子

中心离子为配合物的核心部分，一般是过渡元素的金属离子，如 Cu^{2+}、Fe^{3+}、Ag^{+}、Zn^{2+}、Pt^{4+}等。

2. 配位体

在配离子中与中心离子配合的离子（或分子）叫配位体。常见的配位体有 H_2O、NH_3、CN^-等；常见的配位原子有 F、Cl、N、O、S 等。

例如，$K_3[Fe(CN)_6]$，配位体是 CN^-，配位原子是 C。

3. 配位数

在内界中，与中心离子结合的配位原子的数目，叫该中心离子的配位数。一般中心离子的配位数为 2、4、6、8。

4. 配离子的电荷

配离子的电荷等于中心离子电荷与配位体电荷的代数和。如

$$[Cu(NH_3)_4]^{2+} \qquad (+2)+4\times0=+2$$

$$[Fe(CN)_6]^{3-} \qquad (+3)+6\times(-1)=-3$$

三、配合物的命名

1. 配离子的命名

配合物命名的关键是配离子。配离子的命名可按如下方法：

配位数（用二、三、四等表示）-配位体名称-合-中心离子的名称-中心离子的价数［用（Ⅰ）、（Ⅱ）、（Ⅲ）等表示］-离子。

如 $[Cu(NH_3)_4]^{2+}$ 称四氨合铜（Ⅱ）离子。

2. 配合物的命名

配合物按组成特征不同，也有酸、碱、盐之分。与一般无机物的命名原则相似，阴离子在前，阳离子在后（见表 7-4-1）。除上述命名外，还可用俗名。如 $K_3[Fe(CN)_6]$ 俗名赤血盐，$K_4[Fe(CN)_6]$ 俗名黄血盐。

表 7-4-1　配合物的命名

配合物	内界	外界	命名	实例
配位酸	配阴离子	氢离子	某酸	$H_2[PtCl_6]$ 六氯合铂（Ⅳ）酸
配位碱	配阳离子	氢氧根离子	氢氧化某	$[Ag(NH_3)_2]OH$ 氢氧化二氨合银（Ⅰ）
配位盐	配阳离子	简单阴离子	某化某	$[Co(NH_3)_5]Cl_3$ 三氯化五氨合钴（Ⅲ）
	配阴离子	复杂酸根离子	某酸某	$[Cu(NH_3)_4]SO_4$ 硫酸四氨合铜（Ⅱ）

EDTA——乙二胺四乙酸

EDTA 是一种重要的配合剂，多用于水质监测中的配位滴定分析法。由于本身可以形成多种配合物，所以可以滴定很多金属。元素周期表中的ⅡA 族、ⅢA 族、镧系、锕系金属都可以用 EDTA 滴定。但是，最常用的是测定水的硬度。

命名下列配合物。

1. $[Cu(NH_3)_4]SO_4$
2. $K_3[Fe(CN)_6]$
3. $[Ag(NH_3)_2]Cl$

任务五 鉴别未知化合物

任务目标

1. 会鉴别 Cl^-、CO_3^{2-}、SO_4^{2-}、Na^+、K^+ 等常见离子。
2. 会鉴定和鉴别出部分物质。
3. 具有较强的实验能力。

知识与技能准备

一、常见的离子鉴别的仪器和试剂

试管、导管、玻璃棒、蓝色钴玻璃片、镍铬丝、酒精灯、硝酸银溶液、盐酸溶液、氯化钡溶液、硫酸钠溶液、氯化钾溶液、盐酸、稀硫酸、碳酸钠等。

二、常见阳离子的检验方法

常见阳离子的检验方法见表 7-5-1。

表 7-5-1 常见阳离子的检验方法

离子	检验方法	现象
K^+	用铂丝蘸取待测液放在火上烧，透过蓝色钴玻璃(过滤黄色的光)	火焰呈紫色
Na^+	用铂丝蘸取待测液放在火上烧	火焰呈黄色
Mg^{2+}	加入 OH^-(NaOH)溶液	生成白色沉淀[$Mg(OH)_2$]，沉淀不溶于过量的 NaOH 溶液
Al^{3+}	加入 NaOH 溶液	生成白色絮状沉淀[$Al(OH)_3$]，沉淀能溶于盐酸或过量的 NaOH 溶液，但不能溶于氨水
Ba^{2+}	加入稀硫酸或可溶性硫酸盐溶液	生成白色沉淀($BaSO_4$)，沉淀不溶于稀硝酸
Ag^+	① 加入稀盐酸或可溶性盐酸盐	生成白色沉淀(AgCl)，沉淀不溶于稀硝酸
	② 加入氨水	生成白色沉淀，继续滴加氨水，沉淀溶解
Fe^{2+}	① 加入少量 NaOH 溶液	生成白色沉淀[$Fe(OH)_2$]，迅速变成灰绿色，最终变成红褐色
	② 加入 KSCN 溶液	无现象，再加入适量新制的氯水，溶液变红
Fe^{3+}	① 加入 KSCN 溶液	溶液变为血红色
	② 加入 NaOH 溶液	生成红褐色沉淀
Cu^{2+}	① 加入 NaOH 溶液	生成蓝色沉淀[$Cu(OH)_2$]
	② 插入铁片或锌片	有红色的铜析出
NH_4^+	加入强碱(浓 NaOH 溶液)，加热	产生刺激性气味气体(NH_3)，该气体能使湿润的红色石蕊试纸变蓝

续表

离子	检验方法	现象
H^+	① 加入锌或 Na_2CO_3 溶液	产生无色气体
	② 用紫色石蕊试纸、pH 试纸、甲基橙试验其酸碱性	能使紫色石蕊试液、pH 试纸、甲基橙变红

三、常见阴离子的检验方法

常见阴离子的检验方法见表 7-5-2。

表 7-5-2 常见阴离子的检验方法

离子	检验方法	现象
OH^-	用无色酚酞、紫色石蕊试纸、红色石蕊试纸、pH 试纸试验其酸碱性	能分别使无色酚酞、紫色石蕊试纸、红色石蕊试纸、pH 试纸变为红色、蓝色、蓝色、蓝色
Cl^-	加入 $AgNO_3$ 溶液	生成白色沉淀($AgCl$)。该沉淀不溶于稀硝酸，能溶于氨水
Br^-	① 加入 $AgNO_3$ 溶液	生成淡黄色沉淀($AgBr$)，该沉淀不溶于稀硝酸
	② 加入氯水后振荡，滴入少许四氯化碳	四氯化碳层(下层)呈橙红色
I^-	① 加入 $AgNO_3$ 溶液	生成黄色沉淀(AgI)，该沉淀不溶于稀硝酸
	② 加入氯水后振荡，滴入少许四氯化碳	四氯化碳层(下层)呈紫红色
	③ 加入氯水和淀粉试液	溶液变蓝
SO_4^{2-}	先加入 HCl 再加入 $BaCl_2$ 溶液	生成白色沉淀($BaSO_4$)，该沉淀不溶于稀硝酸
SO_3^{2-}	① 加入盐酸或硫酸	产生无色、有刺激性气味的气体(SO_2)，该气体可使品红溶液褪色
	② 加入 $BaCl_2$，生成白色沉淀($BaSO_3$)	该沉淀可溶于盐酸，产生无色、有刺激性气味的气体(SO_2)
S^{2-}	① 加入盐酸	产生臭鸡蛋气味的气体，且该气体可以使湿润的 $Pb(NO_3)_2$ 试纸变黑
	② 加入 $Pb(NO_3)_2$ 溶液或 $CuSO_4$ 溶液	生成黑色的沉淀(PbS 或 CuS)
CO_3^{2-}	① 加入 $CaCl_2$ 或 $BaCl_2$ 溶液	生成白色沉淀($CaCO_3$ 或 $BaCO_3$)，将沉淀溶于强酸，产生无色、无味的气体(CO_2)，该气体能使澄清的石灰水变浑浊
	② 加入盐酸	产生无色、无味的气体，该气体能使澄清的石灰水变浑浊；向原溶液中加入 $CaCl_2$ 溶液，产生白色沉淀
HCO_3^-	加入盐酸	产生无色、无味的气体，该气体能使澄清的石灰水变浑浊；向原溶液中加入 $CaCl_2$ 溶液，无明显现象
NO_3^-	向浓溶液中加入铜片、浓硫酸加热	放出红棕色、有刺激性气味的气体(NO_2)
AlO_2^-	加入 HCl	先生成白色沉淀后沉淀溶解

现有五瓶失落标签的无色溶液，它们分别是硫酸钠、碳酸钠、氯化钾、盐酸、稀硫酸，设计实验方案，试将它们鉴别出来。

复 习 题

一、选择题

1. 冶炼活泼金属一般用（　　）。

A. 热分解法　　B. 高温还原法　　C. 电解法　　D. 置换法

2. 常温下，可用铁制容器盛装的溶液是（　　）。

A. 浓盐酸　　B. 硫酸铜溶液　　C. 稀硝酸　　D. 浓硫酸

3. 下列物质中属于纯净物的是（　　）。

A. 绿矾　　B. 铝热剂　　C. 漂粉精　　D. 碱石灰

4. 下列单质能与水剧烈反应的是（　　）。

A. Al　　B. Na　　C. Fe　　D. Mg

5. 下列物质既溶于盐酸又溶于氢氧化钠溶液的是（　　）。

A. CaO　　B. Na_2O　　C. Fe_2O_3　　D. Al_2O_3

6. 铝具有较强的抗腐蚀性能，主要是因为（　　）。

A. 铝与氧气在常温下不反应　　B. 铝性质不活泼

C. 铝表面能形成一层致密的氧化膜　　D. 铝耐酸耐碱

7. 从金属利用的历史来看，先是青铜器时代，而后是铁器时代，铝的利用是近百年的事。这个先后顺序跟下列有关的是（　　）。

①地壳中的金属元素的含量；②金属活动性；③金属的导电性；④金属冶炼的难易程度；⑤金属的延展性；

A. ①③　　B. ②⑤　　C. ③⑤　　D. ②④

8. 不能用 NaOH 溶液除去括号中的杂质的是（　　）。

A. $Mg(Al_2O_3)$　　B. $MgCl_2(AlCl_3)$

C. Fe(Al)　　D. $Fe_2O_3(Al_2O_3)$

9. 下列关于 Na 和 Na^+ 的叙述中，错误的是（　　）。

A. 具有相同的质子数　　B. 它们的化学性质相似

C. 钠离子是钠原子的氧化产物　　D. 灼烧时火焰都呈黄色

10. 将铁的化合物溶于盐酸，滴加 KSCN 溶液不发生颜色变化，再加入适量氯水，溶液立即呈红色的是（　　）。

A. Fe_2O_3　　B. $FeCl_3$　　C. $Fe_2(SO_4)_3$　　D. FeO

11. 用等质量的金属钠进行下列实验，产生氢气最多的是（　　）。

A. 将钠放入足量的稀盐酸中

B. 将钠放入足量的稀硫酸中

C. 将钠放入足量的氯化钠溶液中

D. 将钠用铝箔包好，并刺一些小孔，放入足量的水中

二、判断题

1. 金属键是金属离子之间通过自由电子产生的较强的相互作用。（　　）

2. 金属单质在反应中通常作还原剂，发生氧化反应。(　　)

3. 金属原子的特点是电子个数较少。(　　)

4. 金属单质越活泼，其对应的离子就越容易获得电子而被还原。(　　)

5. 在金属活动顺序表中，从 Al 到 Hg 之间的金属是比较活泼的金属，通常用热分解法进行冶炼。(　　)

6. 电化学腐蚀只发生在金属的表面。(　　)

7. 化学腐蚀的速率与温度有关。温度越高，腐蚀速率越快。(　　)

8. 钢铁在潮湿的空气中要比在干燥条件下易腐蚀。(　　)

9. 电化学腐蚀和化学腐蚀往往同时发生，但化学腐蚀比电化学腐蚀更普遍。(　　)

10. 镀层破损后，镀锌的钢板比镀锡的钢板耐腐蚀。(　　)

11. 根据原电池原理，将一定数量的锌块焊在船的外壳上，可以保护船壳。(　　)

三、写出下列反应的化学方程式

1. 铝粉与氧化铁在高温下反应

2. 明矾水解

3. 氧化铝与盐酸反应

4. 氧化铝与氢氧化钠溶液反应

5. 二氧化锰与浓盐酸反应

6. 高锰酸钾加热分解

四、问答题

1. 金属冶炼的原理是什么？根据金属活动性的大小，金属一般有几种冶炼方法？请举例说明。

2. 存放氢氧化钠溶液的试剂瓶的瓶口上，常有白色固体，如果用药匙把固体刮在表面皿上滴入少量盐酸，有什么现象发生？写出有关反应的化学方程式。

3. 实验室中盛放碱溶液的试剂瓶常用橡胶塞，而不用玻璃塞，这是为什么？并写出化学反应式。

4. 钙和镁的化学性质都相当活泼，但为什么镁能在空气中保存而钙不能？

五、推断题

如下图所示，已知有以下物质相互转化：

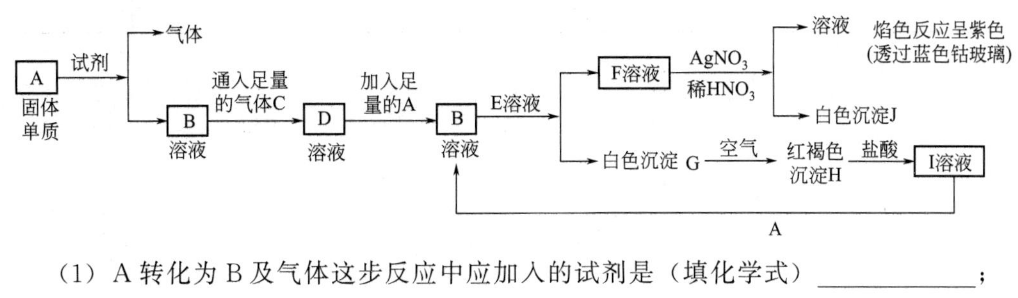

(1) A 转化为 B 及气体这步反应中应加入的试剂是（填化学式）____________；

(2) 写出 B 的化学式________________，F 的化学式________________；

(3) 写出由 G 转变成 H 的化学方程式____________________；

（4）写出检验I溶液中阳离子的离子方程式________________；

向I溶液中加入A的有关离子反应方程式是________________。

任务评价

目标	评价要素	评价标准	评价依据	考核方式			得分	权重
				自评 20%	互评 20%	师评 60%		
知识	基本知识	1. 掌握的知识点 2. 完成书面作业 3. 分析和解决问题	1. 个人作业 2. 课堂笔记 3. 课堂练习 4. 项目测试					35%
能力	基本技能	1. 会叙述金属键的概念 2. 知道金属的通性和冶炼方法 3. 能够描述金属钠、钙、镁、铝、铁、铜及其化合物的特性及区别 4. 会对常见配合物命名并知道其用途	1. 课堂练习 2. 技能测试 3. 实验（实训）报告					50%
情感与素质	学习态度	1. 出勤情况 2. 遵章守纪 3. 主动学习 4. 完成作业 5. 独立探究问题	1. 考勤表 2. 同学及教师观察 3. 课堂笔记 4. 课前准备 5. 个人或小组作业					5%
	沟通协作管理	1. 信息搜集与加工 2. 分工协作 3. 观点表达 4. 理解沟通	1. 乐于请教和帮助同学 2. 小组活动协调和谐 3. 协助教师教学管理 4. 同学及教师观察					5%
	创新精神	1. 创新思维 2. 创新技能	1. 自主学习计划 2. 个人口头或书面提议 3. 协作完成创新作品					5%
总计								

项目八

有机化合物

任务一　了解有机化合物

任务目标

1. 知道有机物与无机物的区别。
2. 能说出有机化合物的特点。
3. 记住有机化合物的特点及分类。
4. 具备一定的安全意识。

任务引入

无机化学是研究无机物质的组成、性质、结构和反应的科学，它是化学中最古老的分支学科。一些简单的含碳化合物，如一氧化碳、二氧化碳、碳酸盐、碳酸氢盐、金属碳化物、氰化物等，其组成和性质与无机物相似，把它们看作无机物。

有机化学又称为碳化合物的化学，是研究有机化合物的组成、结构、性质、制备方法与应用的科学，是化学中极重要的一个分支。

知识与技能准备

一、有机化合物的概念

有机化合物是指烃类化合物及其衍生物，简称有机物。除含碳元素外，绝大多数有机化合物分子中含有氢元素，有些还含氧、氮、卤素、硫和磷等元素。

问题讨论

有机化合物与无机化合物的性质比较见表8-1-1。

表 8-1-1 有机化合物与无机化合物的性质比较

性质	有机化合物	无机化合物
可燃性	多数可热燃烧，如汽油、天然气等	多数不能燃烧，如碳酸钙、水
溶解性	多数不溶于水，易溶于有机溶剂，如油脂溶于汽油，煤油溶于苯	多数溶于水，而不溶于有机溶剂，如食盐、明矾等
耐热性	多数不耐热，熔点较低(400℃以下)，如淀粉、蔗糖、蛋白质、脂肪受热易分解	多数耐热，难熔化，熔点一般很高，如明矾、氧化铜加热难熔。食盐熔点 801℃
导电性	多数是非电解质，如酒精、乙醚等都是非电解质	多数是电解质，如盐酸、氯化镁的水溶液能导电
化学反应	一般较复杂，副反应多，反应速率较慢。如生成乙酸乙酯的酯化反应，在常温下要 16 年才达到平衡	一般较简单，副反应少，反应速率快。如氯化钠和硝酸银的反应瞬间完成

结论：有机化合物在性质上一般具有下列特点。

1. 大多数有机物都能燃烧，或受热分解炭化变黑。
2. 大多数有机物熔点、沸点较低。
3. 大多数有机物难溶于水，易溶于有机溶剂。
4. 大多数有机物是非电解质，不导电。
5. 有机物发生的反应比较复杂，反应一般比较慢，并且常伴有副反应发生。

二、有机化合物的结构特点

碳是有机化合物中最基本的元素，认识有机化合物的结构特点，必须了解碳原子的特性。碳原子最外层有 4 个电子，既难以失去 4 个电子，也难以从外界获得 4 个电子形成离子。因此，在有机化合物分子中，碳原子与其他元素的原子之间只能通过共用电子以共价键相结合。如甲烷分子，碳原子的 4 个价电子分别与 4 个氢原子的价电子形成 4 个共用电子对，结合成分子。

图 8-1-1 碳原子的连接方式

1. 按碳原子的连接方式分类

根据碳架中所含的不同的价键，分为链状化合物和环状化合物（见图 8-1-1）。

2. 按官能团分类

有机化合物分子中比较活泼、容易发生反应的原子或原子团叫做官能团，这些原子或原子团对有机化合物的性质起着决定性作用。

有机化合物的官能团分类见表 8-1-2。

表 8-1-2 各类有机化合物的官能团

有机化合物类别	官能团结构	官能团名称
烯烃	$\rangle C=C\langle$	双键

续表

有机化合物类别	官能团结构	官能团名称
炔烃	$-C\equiv C-$	三键
醇或酚	$-OH$	羟基
醛	$-\overset{O}{\overset{\Vert}{C}}-H$	醛基
酮	$-\overset{O}{\overset{\Vert}{C}}-$	羰基
羧酸	$-\overset{O}{\overset{\Vert}{C}}-OH$	羧基
酯	$R-\overset{O}{\overset{\Vert}{C}}-OR'$	酯基

任务实施

1. 判断酒精、蔗糖、食盐、碳酸哪些是有机物，哪些是无机物？
2. 有机化合物有什么特点？

任务二　认识甲烷及烷烃

任务目标

1. 知道烷烃的组成、结构和通式。
2. 记住烷烃的性质及甲烷的制备方法。
3. 认识烷烃同系物、同分异构现象和同分异构体。
4. 会烷烃的命名方法。

任务引入

烃是一类组成最简单的有机物，仅由碳和氢两种元素组成，又叫做碳氢化合物，简称为烃。烃是有机化合物中最基本的一大类物质，是有机化合物的母体。根据烃分子结构中碳架的不同形式，把烃分为两大类：链烃和环烃。链烃和环烃根据碳架中所含的不同的价键，又可分为不同类别。

烃的分类

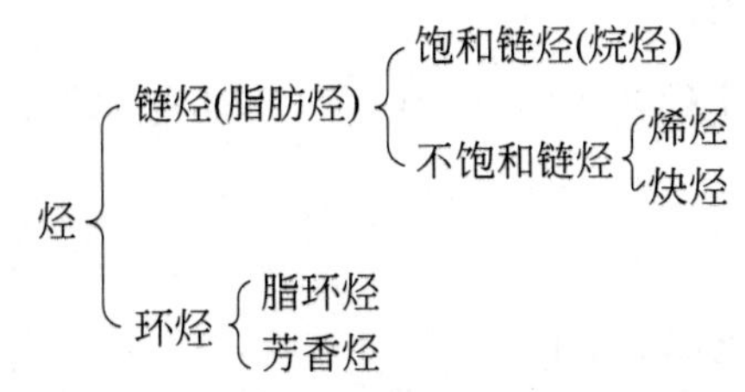

由此看出，烃属于链烃，甲烷是烷烃中分子组成最简单的物质。

知识与技能准备

一、甲烷

甲烷俗称沼气、坑气，是在隔绝空气的情况下，主要由植物残体经过某些微生物发酵作用而生成的。沼泽表面冒出的沼泽气、煤矿坑中的坑气（瓦斯）、天然气的主要成分都是甲烷。

1. 甲烷的物理性质

甲烷是一种无色、无味的气体，在标准状况下，密度是0.717g/L（标准状况），比空气小，极难溶于水，可溶于煤油、汽油等有机溶剂。

2. 甲烷分子的组成和结构

甲烷的分子式：CH_4

甲烷的结构式：

```
      H
      |
  H—C—H
      |
      H
```

甲烷分子具有对称的正四面体结构，碳原子位于正四面体的中心，四个氢原子分别位于正四面体的四个顶点，四个C—H键是一样的（图8-2-1）。烷烃分子碳原子之间以共价单键结合成链状或环状，其余价键被氢原子所饱和，这种烃称为饱和烃，链状烷烃的组成可用通式C_nH_{2n+2}表示。甲烷的球棍模型见图8-2-2。

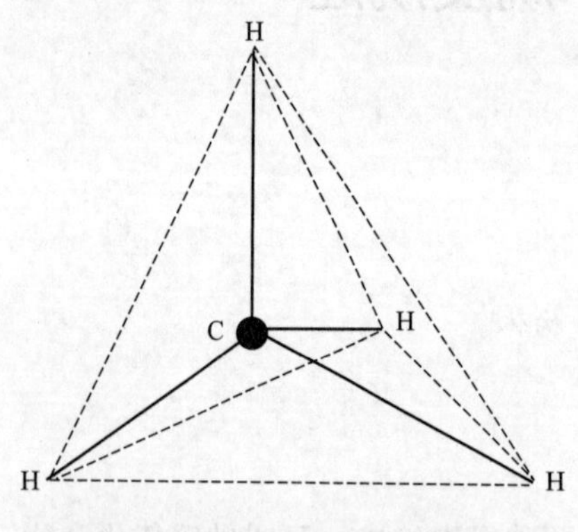

图8-2-1 甲烷分子空间结构示意图

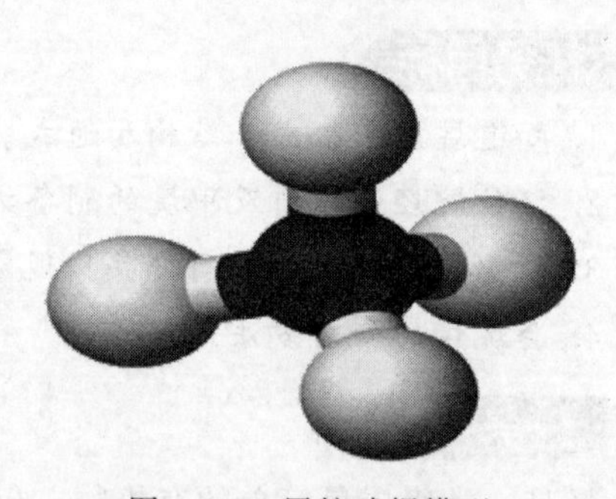

图8-2-2 甲烷球棍模型

二、甲烷的实验室制法及化学性质

1. 甲烷的实验室制法（见图8-2-3）

制取甲烷的化学方程式：

$$CH_3COONa + NaOH \xrightarrow{\triangle} Na_2CO_3 + CH_4\uparrow$$

2. 化学性质

（1）氧化反应

①点燃纯净的甲烷（见图8-2-4）。

现象：火焰明亮。

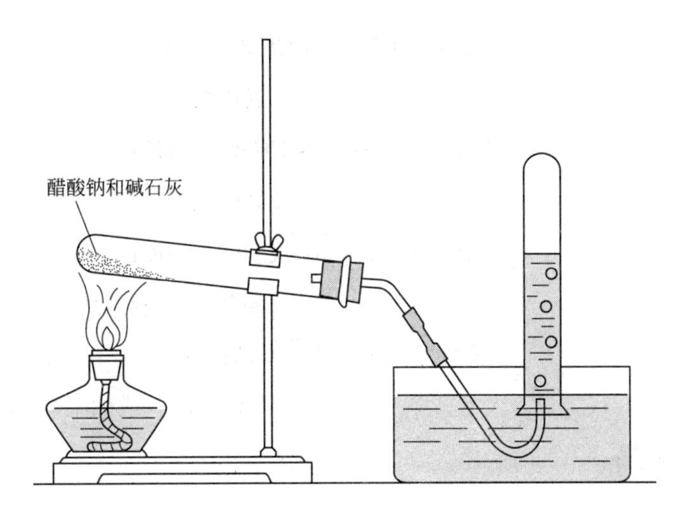

图 8-2-3　甲烷的实验室制法

化学方程式：

$$CH_4+2O_2 \xrightarrow{点燃} CO_2\uparrow+2H_2O$$

注意

空气中的甲烷含量在5%～15.4%（体积分数）范围内时，遇火花立刻发生爆炸，因此点燃前要先检验气体的纯度。

②将甲烷气体通入高锰酸钾溶液中（图 8-2-5）。

现象：甲烷不能被高锰酸钾溶液氧化，高锰酸钾的紫色不褪。

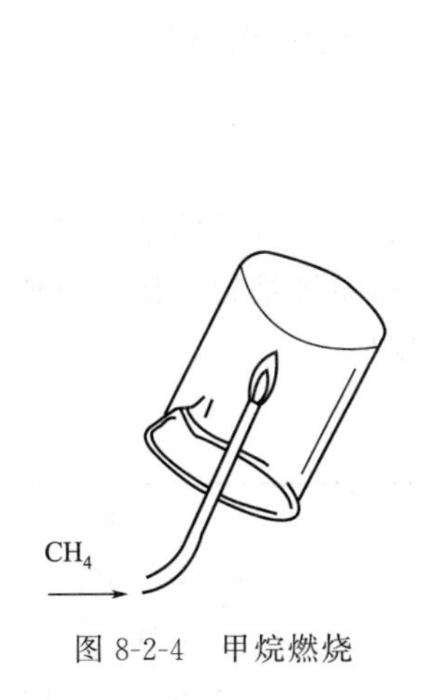

图 8-2-4　甲烷燃烧

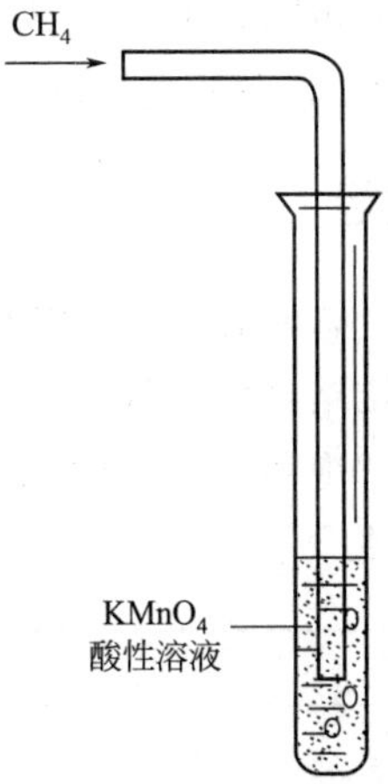

CH_4

$KMnO_4$ 酸性溶液

图 8-2-5　甲烷与高锰酸钾溶液

（2）取代反应

有机物分子中的某些原子或原子团被其他原子或原子团所替代的反应叫做取代反应。如在光照条件下（注意避免阳光直射，否则会引起爆炸），甲烷与氯气混合气体的黄绿色逐渐变浅，直至消失，并在容器壁上有油状液滴形成。

化学方程式：

$$CH_4 + Cl_2 \xrightarrow{光照} CH_3Cl + HCl$$

一氯甲烷

$$CH_3Cl + Cl_2 \xrightarrow{光照} CH_2Cl_2 + HCl$$

二氯甲烷

$$CH_2Cl_2 + Cl_2 \xrightarrow{光照} CHCl_3 + HCl$$

三氯甲烷（或氯仿）

$$CHCl_3 + Cl_2 \xrightarrow{光照} CCl_4 + HCl$$

四氯甲烷（或四氯化碳）

阅读材料

氯仿和四氯化碳的用途

氯仿是一种有机合成原料，主要用来生产氟里昂（F-21、F-22、F-23）、染料和药物，在医学上，常用作麻醉剂。可用作抗生素、香料、油脂、树脂、橡胶的溶剂和萃取剂。与四氯化碳混合可制成不冻的防火液体。还用于烟雾剂的发射药、谷物的熏蒸剂和校准温度的标准液。工业产品通常加有少量乙醇，使生成的光气与乙醇作用生成无毒的碳酸二乙酯。使用工业品前可加入少量浓硫酸振摇后水洗，经氯化钙或碳酸钾干燥，即可得到不含乙醇的氯仿。

四氯化碳常用作溶剂、灭火剂、有机物的氯化剂、香料的浸出剂、纤维的脱脂剂、粮食的蒸煮剂、药物的萃取剂、有机溶剂、织物的干洗剂，但是由于毒性的关系，现在甚少使用，并被限制生产，很多用途也被二氯甲烷等所替代。也可用来合成氟里昂、尼龙-7、尼龙-9 的单体；还可制三氯甲烷和药物；金属切削中用作润滑剂。

三、烷烃

除甲烷外，还有一系列结构和性质与它相似的烃，在这些分子的结构中，碳原子之间以碳碳单键结合成链状，碳原子的价键全部与氢原子以单键结合，使每个碳原子的化合价都达到“饱和”。这样的链烃叫做饱和链烃，也称烷烃。

1. 同系物

名称	分子式	结构简式
乙烷	C_2H_6	$CH_3—CH_3$
丙烷	C_3H_8	$CH_3—CH_2—CH_3$
丁烷	C_4H_{10}	$CH_3—CH_2—CH_2—CH_3$

比较甲烷（CH_4）、乙烷（C_2H_6）、丙烷（C_3H_8）、丁烷（C_4H_{10}）的分子结构可以看出，相邻的两个化合物在组成上均相差一个 CH_2。像这种结构相似，在组成上相差一个或多个 CH_2 的一系列化合物互称为同系物。

2. 烷基

烷烃分子中失去一个氢原子后剩余的基团叫做烷基。例如，$—CH_3$ 叫甲基；$—CH_2CH_3$

叫乙基。

3. 同分异构体

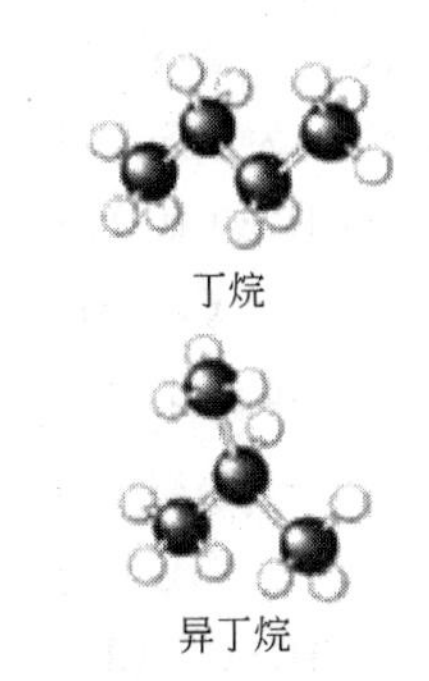

图 8-2-6 丁烷球棍模型

丁烷球棍模型如图 8-2-6 所示。

正丁烷与异丁烷的性质比较见表 8-2-1。像这种化合物具有相同的化学式，但具有不同构造式的现象称为同分异构现象。具有同分异构现象的化合物互称为同分异构体。

在烷烃分子中，含碳原子数越多，碳原子的结合方式就越趋复杂，同分异构体的数目就越多，例如，辛烷有 18 种，癸烷有 75 种。同分异构现象是有机物普遍存在的重要现象，也是有机物种类繁多的原因之一。

表 8-2-1 正丁烷与异丁烷的性质比较

物质	正丁烷(丁烷)	异丁烷(2-甲基丙烷)
熔点/℃	−138.4	−159.6
沸点/℃	−0.5	−11.7
液态密度/(g/mL)	0.5788	0.557

四、烷烃的命名

1. 普通命名法

普通命名法又叫习惯命名法，其基本原则如下：按分子中碳原子的数目称某烷，碳原子数在十以内用甲、乙、丙、丁、戊、己、庚、辛、壬、癸表示，十以上用中文数字十一、十二、……表示。例如，$CH_3CH_2CH_2CH_3$ 名称为丁烷。

为区分异构体常把直链的烷烃称“正”某烷。把链端第二位碳原子上连有一个甲基支链的叫做“异”某烷。把链端第二位碳原子上连有两个甲基支链的叫做“新”某烷。此法适用于含碳原子数较少、结构简单的烷烃，结构复杂的则不适用。例如：

$$CH_3—CH_2—CH_2—CH_2—CH_3$$

正戊烷

$$CH_3—\underset{}{\overset{\displaystyle CH_3}{\overset{|}{C}H}}—CH_2—CH_3$$

异戊烷

$$CH_3—\underset{\underset{\displaystyle CH_3}{|}}{\overset{\overset{\displaystyle CH_3}{|}}{C}}—CH_3$$

新戊烷

2. 系统命名法

系统命名法是一种普遍适用的命名方法。它是采用国际上通用的 IUPAC（国际纯粹和应用化学联合会）命名原则，同时结合我国汉字的特点制定出的命名方法。

（1）长——选定分子中最长的碳链作主链。初学者容易出现的错误是习惯于把横向排列的碳链作为主链，其他的作为支链来进行命名。

例如：

$$\begin{array}{l} CH_3-CH-CH_3 \\ \quad\quad\quad | \\ \quad\quad\quad CH_2CH_3 \end{array}$$

命名：2-甲基丁烷

（2）多——遇等长碳链时选支链最多的碳链作主链。

例如：

$$\begin{array}{ccccccccc} & & CH_3 & & & & & & \\ & & | & & & & & & \\ CH_3 & - & C & - & CH & - & CH_2 & - & CH - CH_3 \\ & & | & & | & & & & | \\ & & CH_3 & & CH_2 & & & & CH_3 \\ & & & & | & & & & \\ & & & & CH_3 & & & & \end{array}$$

命名：2，2，5-三甲基-3-乙基己烷

（3）近——从离支链最近的一端开始编号。

例如：

$$\begin{array}{ccccccccccc} \overset{1}{CH_3} & - & \overset{2}{CH} & - & \overset{3}{CH_2} & - & \overset{4}{CH_2} & - & \overset{5}{CH_2} & - & \overset{6}{CH_3} \\ & & | & & & & & & & & \\ & & CH_3 & & & & & & & & \end{array}$$

命名：2-甲基己烷

（4）小——支链编号之和最小。在主链两端等距离地出现相同的取代基时，按取代基所在位置序号之和最小者给取代基定位，即两端等距又同基时支链编号数之和要小。

例如：

$$\begin{array}{ccccccccccccccc} \overset{8}{CH_3} & - & \overset{7}{CH} & - & \overset{6}{CH_2} & - & \overset{5}{CH_2} & - & \overset{4}{CH} & - & \overset{3}{CH_2} & - & \overset{2}{CH} & - & \overset{1}{CH_3} \\ & & | & & & & & & | & & & & | & & \\ & & CH_3 & & & & & & CH_2 & & & & CH_3 & & \\ & & & & & & & & | & & & & & & \\ & & & & & & & & CH_3 & & & & & & \end{array}$$

命名：2，7-二甲基-4-乙基辛烷

（5）简——两取代基距离主链两端等距离时，从简单取代基一端开始编号，并且把简单的写在前面，复杂的写在后面。

例如：

$$\begin{array}{ccccccccccccc} \overset{7}{CH_3} & - & \overset{6}{CH_2} & - & \overset{5}{CH} & - & \overset{4}{CH_2} & - & \overset{3}{CH} & - & \overset{2}{CH_2} & - & \overset{1}{CH_3} \\ & & & & | & & & & | & & & & \\ & & & & CH_2 & & & & CH_3 & & & & \\ & & & & | & & & & & & & & \\ & & & & CH_3 & & & & & & & & \end{array}$$

命名：3-甲基-5-乙基庚烷

任务实施

1. 用球棍模型组装甲烷的分子结构。

2. 写出 C_6H_{14} 的同分异构体，并用系统命名法命名。

3. 分组到加油站调查汽油、柴油有哪些标号。上网查询，知道汽油和柴油是如何编号的。如何选用不同标号的汽油和柴油。

阅读材料

天然气和可燃冰

天然气是一种高效、低耗、污染小的清洁能源，目前世界能源需求的20%由天然气提供。天然气还是重要的化工原料，可加工出多种化工产品。我国是世界上最早利用天然气作燃料的国家，主要集中在西部地区如新疆塔里木和四川盆地等。青海柴达木境内还发现了可燃冰，可燃冰是深藏于海底或陆地的含甲烷的冰，在深海的高压、低温条件下，水分子通过分子间的作用力紧密合成三维网状体，将海底沉积的古生物遗体所分解的甲烷等气体分子纳入网体中形成水合甲烷。这些水合甲烷就像一个个淡灰色的冰球，故称可燃冰。

可燃冰是一种潜在的能源，储量很大。目前，国际科技界公认的全球可燃冰总能量是所有煤、石油和天然气总和的 2～3 倍。据国际地质勘探组织估算，地球深海中水合甲烷的蕴藏量超过 $2.84\times10^{21}\,m^3$，是常规气体能源储量的 1000 倍。专家认为，水合甲烷一旦得到开采，将使人类的燃料使用史延长几个世纪。

任务三　认识乙烯和烯烃

任务目标

1. 会叙述乙烯的性质。
2. 叙述饱和烃与不饱和烃概念及性质。
3. 叙述烯烃同系物、同分异构现象的概念和同分异构体的推导方法。
4. 会正确命名烯烃。
5. 会搭建乙烯的制备装置。

任务引入

乙烯是衡量一个国家石油化工发展水平的标志，乙烯具有怎样的结构和性质，又有什么用途呢？

知识与技能准备

一、乙烯

1. 乙烯的物理性质

乙烯在常温下为无色、无臭、稍带有甜味的气体，比空气略轻。难溶于水，能溶于有机溶剂。易燃，爆炸极限为 2.7％～36％。

2. 乙烯分子的组成和结构

乙烯的分子式：C_2H_4

结构式：

$$\begin{array}{ccccc} H & & & & H \\ & \diagdown & & \diagup & \\ & & C{=}C & & \\ & \diagup & & \diagdown & \\ H & & & & H \end{array}$$

结构简式：$CH_2{=}CH_2$

乙烯分子中的 2 个碳原子与 4 个氢原子处在同一平面上，彼此之间的夹角是 120°。具有一个碳碳双键的烃称为单烯烃，又称烯烃，分子中含有碳碳双键（或碳碳三键）的碳氢化合物叫做不饱和烃。链状烯烃的组成可用通式 C_nH_{2n} 表示。

乙烯分子球棍模型见图 8-3-1。

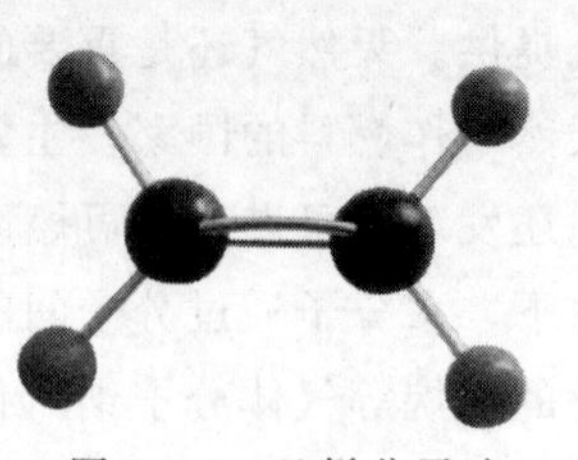

图 8-3-1 乙烯分子球棍模型

二、乙烯的实验室制法及化学性质

1. 乙烯的实验室制法

实验室中采用无水乙醇和浓硫酸加热脱水制得乙烯。

实验：在烧瓶中注入无水乙醇和浓硫酸（$V_{无水乙醇}:V_{浓硫酸}=1:3$）的混合液约 20mL，放入几片碎瓷片，以避免混合液在受热沸腾时暴沸。加热混合液，使液体温度迅速升到 170℃，这时就有乙烯生成。用排水集气法收集生成的乙烯，实验装置如图 8-3-2 所示。

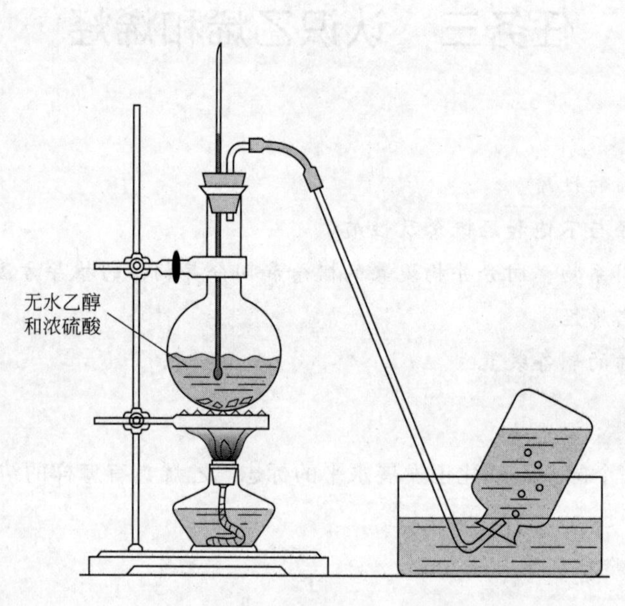

图 8-3-2 实验室制取乙烯装置

2. 化学性质

（1）氧化反应

实验：点燃纯净的乙烯。

现象：乙烯在空气中燃烧，火焰明亮，并伴有黑烟。

化学方程式：

$$C_2H_4+3O_2 \xrightarrow{点燃} 2CO_2+2H_2O$$

实验：将乙烯通入盛有 $KMnO_4$ 酸性溶液的试管中。

现象：乙烯溶液可以被高锰酸钾溶液氧化，溶液由紫色变为无色（见图 8-3-3）。

（2）加成反应

实验：将乙烯通入盛有溴的四氯化碳溶液的试管中。

现象：溴的四氯化碳溶液的红棕色褪色（见图 8-3-4）。

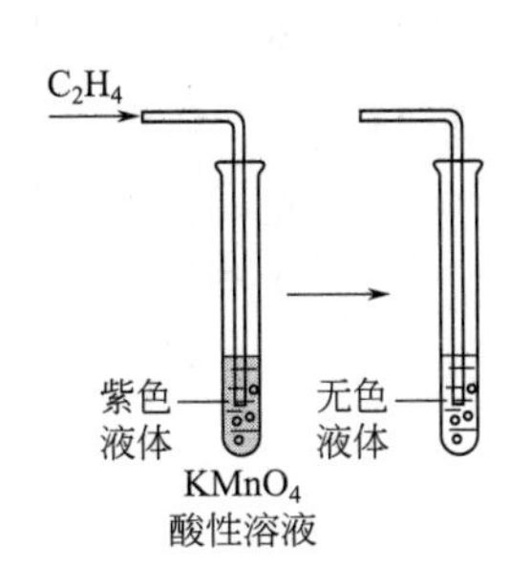

图 8-3-3 乙烯与高锰酸钾的反应

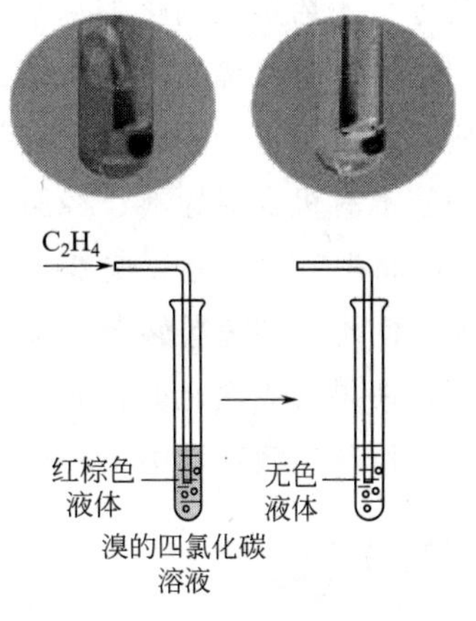

图 8-3-4 溴的四氯化碳溶液与乙烯的反应

化学方程式：

$$CH_2{=\!=}CH_2+Br_2 \longrightarrow \underset{1,2\text{-二溴乙烷}}{CH_2Br{-}CH_2Br}$$

有机物分子中不饱和键（双键或三键）两端的原子与其他原子或原子团直接结合生成新的化合物的反应叫做加成反应。

（3）加聚反应

由有机小分子化合物通过加成反应，结合成有机高分子化合物的反应叫做加聚反应。

化学方程式：

$$n\,CH_2{=}CH_2 \xrightarrow{\text{催化剂}} {+}\!\!\!-\!CH_2{-}CH_2\!-\!\!\!{+}_n$$

聚乙烯是一种分子量很大的化合物。聚乙烯无毒、无味、质轻，化学稳定性好，用于制造农用塑料薄膜、自来水管、食品包装袋等。

三、烯烃

除乙烯外，还有与乙烯分子在组成上相差一个或多个 CH_2 基团的一系列同系物。例如，丙烯： $CH_2{=\!=}CH{-}CH_3$；1-丁烯： $CH_2{=\!=}CH{-}CH_2{-}CH_3$。

四、烯烃的命名

选择含有双键在内的最长碳链为主链，按主链碳原子的数目命名为某烯。从距离双键最近的一端给主链上的碳原子依次编号，用阿拉伯数字表示双键的位置，写在某烯的前面，并用“-”短线隔开。

知识拓展

乙烯的用途

乙烯主要用作与乙酸乙烯共聚制造 EVA 树脂和 VAE 乳液的单体，用于制造胶黏剂及涂料等。乙烯是石油化工基本原料之一，应用非常广泛。在合成材料方面，大量用于生产聚乙烯、氯乙烯及聚氯乙烯、乙苯、苯乙烯及聚苯乙烯以及乙丙橡胶等。在有机合成方面，广泛用于合成乙醇、环氧乙烷及乙二醇、乙醛、乙酸、丙醛、丙酸及其衍生物等多种基本有机合成原料；经卤化可制氯代乙烯、氯代乙烷、溴代乙烷；经低聚可制α-烯烃，进而生产高级醇、烷基苯等。农业上用作果实催熟剂，但乙烯也可以加快叶绿素的分解，使水果和蔬菜转黄，促进果蔬的衰老和品质下降。因此，用乙烯作果实催熟剂，必须是在果实成熟之前，而且处理浓度及时间要恰当。为了减缓果蔬采后的成熟和衰老，还需控制贮藏环境中果实产生的乙烯量。

任务实施

1. 在生活中，把未成熟的水果和成熟的水果放在一起，三四天后打开食品袋，水果全成熟了，请问是什么原因？

2. 请列举生活中常见的塑料用品。

3. 讨论甲烷和乙烯的化学性质有哪些不同？

任务四 认识乙炔及炔烃

任务目标

1. 会叙述乙炔的化学性质。
2. 记住炔烃的结构特征、通式和主要的用途。
3. 会炔烃的命名方法。
4. 会用官能团分析有机物的性质。
5. 会搭建制备乙炔的装置。

任务引入

焊接金属时用的气体是什么？它具有怎样的结构和性质，还有什么用途呢？

知识与技能准备

一、乙炔

1. 乙炔的物理性质

乙炔俗名电石气。纯净的乙炔是无色、无味的气体。乙炔密度比空气稍小，微溶于水，易溶于有机溶剂。

2. 乙炔分子的组成和结构

乙炔的分子式：C_2H_2

结构式： $H—C\equiv C—H$

乙炔的空间结构为直线形，键角 180°，乙炔分子中的四个原子在同一条直线上。链烃分子里含有碳碳三键（ $—C\equiv C—$）的烃叫做炔烃，是不饱和烃。链状炔烃的组成

可用通式 C_nH_{2n-2} 表示。

乙炔分子球棍模型见图 8-4-1。

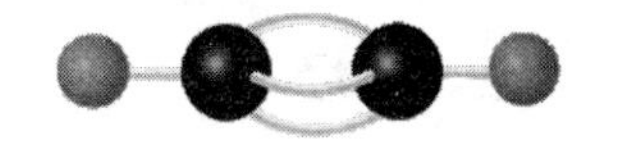

图 8-4-1 乙炔分子球棍模型

二、乙炔的实验室制法及化学性质

1. 乙炔的实验室制法

常用电石（CaC_2）和水反应制取乙炔。实验装置如图 8-4-2 所示，在干燥的烧瓶中放几块碳化钙，慢慢旋开分液漏斗的旋塞，使水缓慢地滴入（为了缓解反应，可用饱和食盐水代替），用排水法收集乙炔，观察乙炔的颜色、状态。

2. 化学性质

(1) 氧化反应

① 实验：点燃纯净的乙炔（图 8-4-3）。

现象：明亮黄色的火焰，伴有黑烟产生。

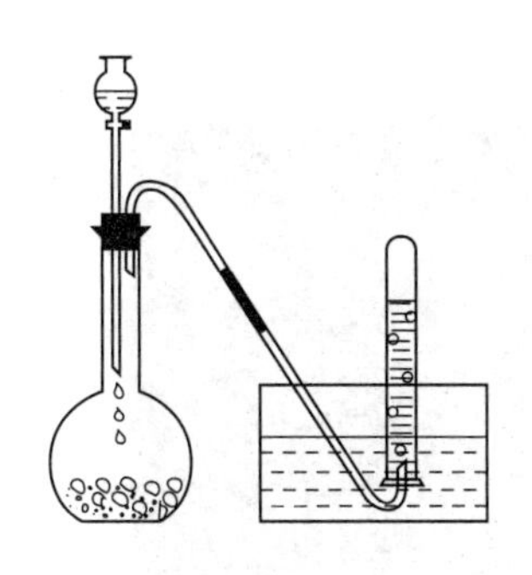

图 8-4-2 乙炔的实验室制取装置

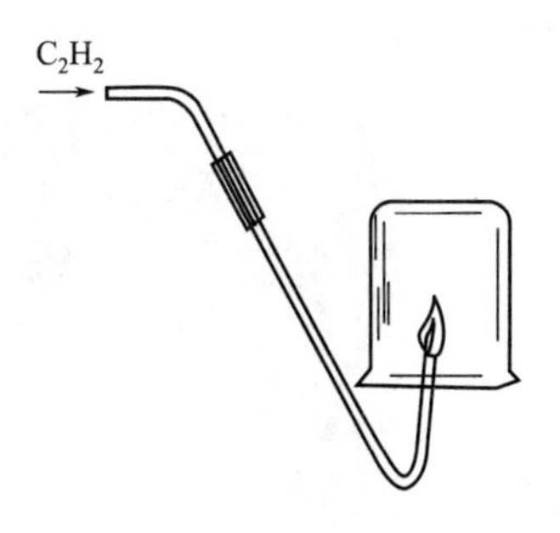

图 8-4-3 乙炔燃烧

化学方程式：

$$2C_2H_2+5O_2 \xrightarrow{\text{燃烧}} 4CO_2+2H_2O$$

② 实验：将乙炔通入盛有 $KMnO_4$ 酸性溶液的试管中。

现象：乙炔溶液可以被高锰酸钾溶液氧化，紫色的高锰酸钾溶液褪色（见图 8-4-4）。

(2) 加成反应

实验：将乙炔通入盛有溴的四氯化碳溶液的试管中。

现象：溶液褪色（见图 8-4-5）。

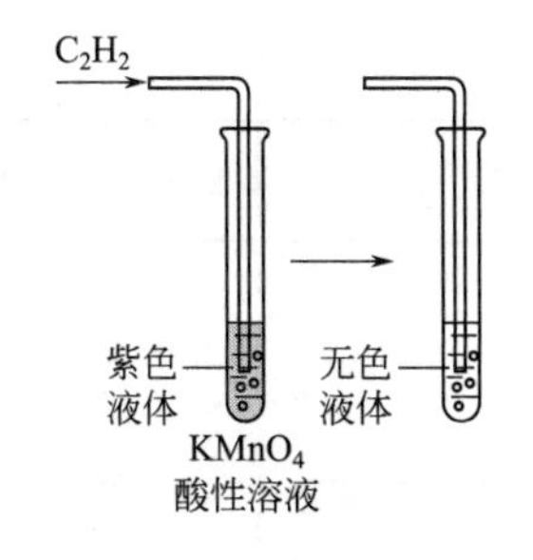

图 8-4-4 乙炔与高锰酸钾的反应

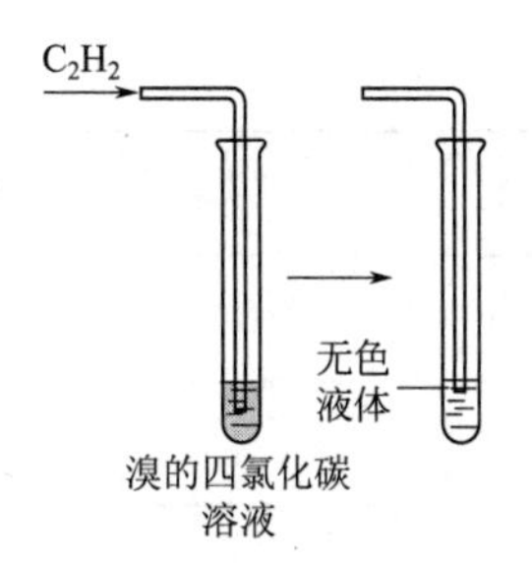

图 8-4-5 乙炔与溴的四氯化碳溶液的反应

三、炔烃

除乙炔外，还有丙炔、丁炔等。乙炔的同系物也依次相差 1 个 CH_2 原子团。炔烃的系统命名法和烯烃相似，只要将“烯”字改为“炔”字即可。例如：

$$CH \equiv C—CH(CH_3)—CH_3$$

3-甲基-1-丁炔

四、乙炔的用途

乙炔可用于制取乙醛、乙酸、丙酮、季戊四醇、丙炔醇、1，4-丁炔二醇、1，4-丁二醇、丁二烯、异戊二烯、氯乙烯、偏氯乙烯、三氯乙烯、四氯乙烯、乙酸乙烯、甲基苯乙烯、乙烯基乙炔、乙烯基乙醚、丙烯酸及其酯类等。

乙炔是有机合成的重要原料之一，也是合成橡胶、合成纤维和塑料的单体，也用于氧炔焊割（见图 8-4-6）。

图 8-4-6 乙炔用途

任务实施

填表：

项目	甲烷	乙烯	乙炔
分子式			
结构式			
含碳量			
氧化反应式			

任务五　认识苯及苯的同系物

任务目标

1. 记住苯的同系物以及芳香烃、芳香族化合物等概念及用途。
2. 会叙述苯及其同系物在组成、结构、性质上的异同。
3. 能解释日常生活中芳烃类物质的应用原理。
4. 具备 HSEQ 环保理念。

任务引入

苯是一种基本化工原料，1865 年德国化学家凯库勒提出了苯的环状结构，那么苯属于哪类化合物？具有什么性质呢？

知识与技能准备

一、苯

1. 苯的物理性质

苯在常温下呈液态，无色，有芳香气味，难溶于水，易溶于有机溶剂，苯的密度为 0.8765g/mL，熔点为 5.5℃，沸点为 80.1℃；苯容易挥发（密封保存），苯蒸气有毒。

2. 苯分子的组成和结构

苯的分子式：C_6H_6

苯的结构式：

```
        H
        |
        C
      //  \
 H—C       C—H
    |      ||
 H—C       C—H
      \\  /
        C
        |
        H
```

结构简式：

苯的分子中 6 个碳原子和 6 个氢原子，都在同一平面内，6 个碳原子组成一个正六边形的碳环，所有键的夹角都是 120°（见图 8-5-1）。

实验：在两支试管中分别加入 1mL 酸性高锰酸钾溶液和 1mL 溴水，再滴加数滴苯，振荡试管。

现象：苯与高锰酸钾和溴水都不发生反应，溶液颜色都不发生变化。

结论：苯分子的六个碳碳键都相同，它是一种介于单键和双键之间的特殊的键。

二、苯的化学性质

1. 取代反应

苯分子中的氢原子能被其他原子或原子团取代而发生取代反应。

实验：取一支大试管，加入 1.5mL 浓硝酸和 2mL 浓硫酸，摇匀，冷却。在混合酸中慢慢滴加 1mL 苯，并不断摇动，使其混合均匀。10min 后，把混合物倒入另一只盛水的烧杯中，将试管放在 60℃的水浴中加热（见图 8-5-2）。

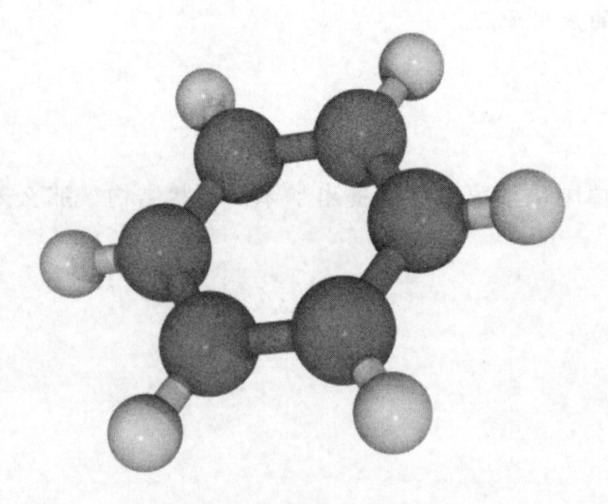

图 8-5-1 苯的环状结构

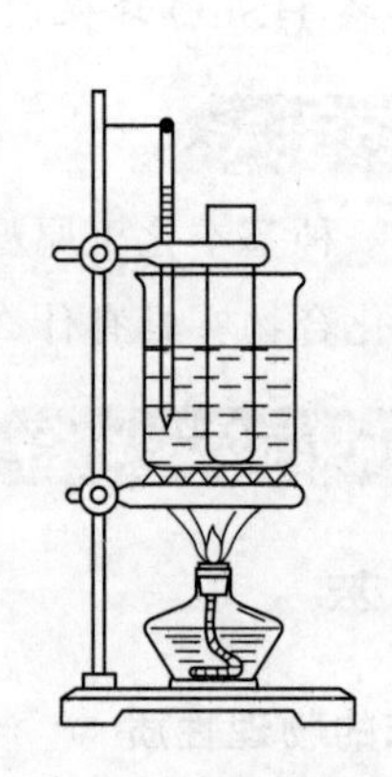

图 8-5-2 取代反应

现象：试管底部有淡黄色的油状液体生成，有苦杏仁味。

化学方程式：

$$C_6H_6 + HNO_3 \longrightarrow C_6H_5NO_2 + H_2O$$

硝基苯

苯分子中的氢原子被硝基所取代的反应叫硝化反应。

注意硝基苯有毒，实验时要特别小心！

2. 加成反应

在特定的条件下，如在催化剂、高温、高压、光照的影响下，可发生加成反应。例如，苯在一定条件下，可与氢气发生加成反应。

$$C_6H_6 + 3H_2 \longrightarrow C_6H_{12}$$

环己烷

3. 氧化反应

在坩埚中倒入少量苯，点燃。

现象：火焰明亮，带有浓烟。

化学方程式：

$$2C_6H_6 + 15O_2 \longrightarrow 12CO_2 + 6H_2O$$

三、苯的用途

苯是一种重要的有机化工原料，可生产合成纤维、合成橡胶、塑料、农药、医药、染料、香料等，苯也是一种常用的有机溶剂。

四、芳香烃

分子中含苯环结构的烃叫做芳香烃，芳香烃简称芳烃。芳香族化合物在历史上指的是一类从植物胶里取得的具有芳香气味的物质，但目前已知的芳香族化合物中，大多数是没有香味的，习惯仍称芳香烃。

芳香烃包括苯及其同系物，当苯环上的一个或多个氢原子被烃基取代后，生成的产物叫做苯的同系物。苯的同系物的通式为 C_nH_{2n-6}（$n \geqslant 6$ 的正整数）。例如，甲苯

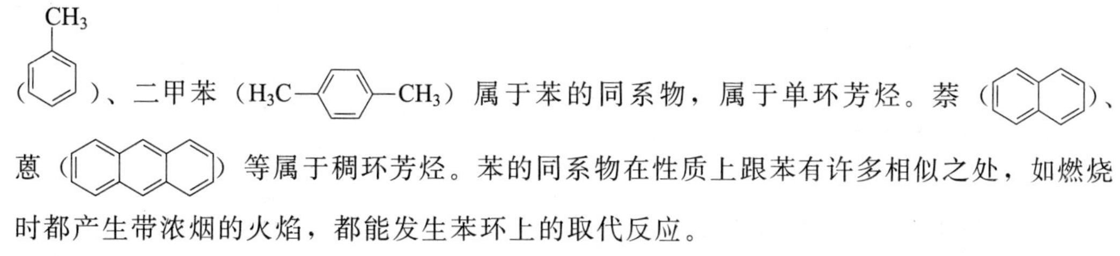

（CH_3-苯环）、二甲苯（H_3C—苯环—CH_3）属于苯的同系物，属于单环芳烃。萘（ ）、蒽（ ）等属于稠环芳烃。苯的同系物在性质上跟苯有许多相似之处，如燃烧时都产生带浓烟的火焰，都能发生苯环上的取代反应。

实验：把甲苯、二甲苯各 2mL 分别注入两支试管，各加入酸性高锰酸钾溶液 3 滴，用力振荡。

现象：高锰酸钾溶液的紫色褪色，说明甲苯、二甲苯能被高锰酸钾氧化。

苯的同系物能使酸性 $KMnO_4$ 溶液褪色，利用这个性质可以用来区别苯和苯的同系物。

1. 上网查六氯环己烷的俗名叫什么？它曾在农药发展史上起过什么作用？
2. 三硝基甲苯的俗名叫什么？它的主要用途有哪些？

凯库勒与苯环

凯库勒悟出苯分子的环状结构的经过，一直是化学史上的一个趣闻。据他自己说这来自一个梦。那是他在比利时的根特大学任教时，一天夜晚，他在书房中打起了瞌睡，眼前又出现了旋转的碳原子。碳原子的长链像蛇一样盘绕卷曲，忽见一蛇抓住了自己的尾巴，并旋转不停。他像触电般地猛醒过来，整理苯环结构的假说，又忙了一夜。对此，凯库勒说："我们应该会做梦！……那么我们就可以发现真理，……但不要在清醒理智地检验之前，就宣布我们的梦。"

应该指出的是，凯库勒能够从梦中得到启发，成功地提出重要的结构学说，并不是偶然的。这是由于他善于独立思考，平时总是冥思苦想有关原子、分子、结构等问题，才会梦其所思；更重要的是，他懂得化合价的真正意义，善于捕捉直觉形象；加之以事

实为依据，以严肃的科学态度进行多方面的分析和探讨，这一切都为他取得成功奠定了基础。

复 习 题

一、选择题

1. 下列对同系物的叙述中不正确的是（　　）。

A. 同系物的化学性质相似　B. 同系物必为同一类物质

C. 同系物的组成元素不一定相同　D. 同系物的最简式不一定相同

2. 芳烃的典型反应是（　　）。

A. 加成反应　B. 氧化反应　C. 取代反应　D. 还原反应

3. 烯烃的特征反应是（　　）。

A. 加成反应　B. 氧化反应　C. 取代反应　D. 还原反应

4. 下列物质中不属于有机物的是（　　）。

A. 天然气　B. 煤　C. 石油　D. 铁矿石

5. 下列化合物中是苯的同系物的是（　　）。

A. 甲苯　B. 苯乙烯　C. 氯苯　D. 环己烷

6. 下列化合物中属于饱和烃的是（　　）。

A. 乙苯　B. 乙烯　C. 氯苯　D. 乙烷

7. 乙烯使溴水褪色属于（　　）反应。

A. 取代反应　B. 加成反应　C. 氧化反应　D. 还原反应

8. 烯烃最典型的化学反应是（　　）。

A. 燃烧反应　B. 取代反应　C. 加聚反应　D. 加成反应

9. 在一定条件下既能起加成反应又能起取代反应，但不能使高锰酸钾酸性溶液褪色的物质是（　　）。

A. 乙烷　B. 苯　C. 乙烯　D. 乙炔

10. 甲苯与苯相比较，下列叙述中不正确的是（　　）。

A. 常温下都是液体　B. 都能在空气中燃烧

C. 都能使高锰酸钾酸性溶液褪色　D. 都能发生取代反应

二、判断题

1. 甲烷和氯气混合时，在漫射光照射或加热条件下都能发生氯代反应。（　　）

2. 甲烷在空气中的含量达到5.3%～14%（体积分数）时，遇到火花就会发生爆炸。（　　）

3. 1-戊烯与2-戊烯互为同系物。（　　）

4. 石油是一种混合物，他的主要成分是烯烃。（　　）

5. 石油分馏的目的是将石油分离为各种沸点范围不同的油品。（　　）

6. 化学式符合 C_nH_{2n} 的烃类化合物一定是烯烃。（　　）

7. 纯净的乙炔是无色无味的气体。（　　）

8. 乙炔在 $HgSO_4$ 和稀 H_2SO_4 存在下与水反应，主要产物是乙醇。（　　）

9. 通过煤的干馏可以获得苯、甲苯、二甲苯等芳香族化合物。（　　）

10. 在铁的催化作用下，苯与液溴反应，颜色逐渐变浅直至无色，该反应属于加成反应。（　　）

三、写出下列反应的化学方程式，并指出反应类型

1. 甲烷和溴反应
2. 乙烯和水反应
3. 乙炔和氢气反应
4. 乙炔和氯化氢反应
5. 苯和浓硝酸、浓硫酸反应

四、写出下列烃可能有的结构式

1. 某烃的化学式为 C_5H_{10}，能使溴水和酸性高锰酸钾溶液褪色。
2. 某烃的化学式为 C_8H_{10}，能使酸性高锰酸钾溶液褪色。

五、推断题

A、B、C、D、E 为五种气态烃，其中 A、B、C 都能使酸性高锰酸钾溶液褪色；1mol C 能与 2mol Br_2 完全加成，生成物分子中每个碳原子上有一个溴原子；A 与 C 具有相同的通式；A 与 H_2 加成可得 B，B 与相同条件下 N_2 的密度相同，D 是最简单的有机物，E 是 D 的同系物，完全燃烧相同物质的量 B、E 生成 CO_2 的量相同。试确定 A、B、C、D、E 的结构简式。

六、计算题

某气态烃和过量的氧气混合物 10L，点火反应后，混合气体仍为 10L，混合气体通过浓 H_2SO_4，体积变为 6L，再通过 NaOH 溶液，体积变为 2L。求该烃的分子式，并写出其结构简式。（以上体积均是在同温同压下测得的）

目标	评价要素	评价标准	评价依据	考核方式			得分	权重
				自评 20%	互评 20%	师评 60%		
知识	基本知识	1. 掌握的知识点 2. 完成书面作业 3. 分析和解决问题	1. 个人作业 2. 课堂笔记 3. 课堂练习 4. 项目测试					35%
能力	基本技能	1. 会饱和烃、不饱和烃、苯及其同系物的命名 2. 会叙述本模块有机物在组成、结构、性质上的异同 3. 能解释日常生活中有机物的应用原理	1. 课堂练习 2. 技能测试 3. 实验(实训)报告					50%

续表

目标	评价要素	评价标准	评价依据	考核方式			得分	权重
				自评 20%	互评 20%	师评 60%		
情感与素质	学习态度	1. 出勤情况 2. 遵章守纪 3. 主动学习 4. 完成作业 5. 独立探究问题	1. 考勤表 2. 同学及教师观察 3. 课堂笔记 4. 课前准备 5. 个人或小组作业					5%
	沟通协作管理	1. 信息搜集与加工 2. 分工协作 3. 观点表达 4. 理解沟通	1. 乐于请教和帮助同学 2. 小组活动协调和谐 3. 协作教师教学管理 4. 同学及教师观察					5%
	创新精神	1. 创新思维 2. 创新技能	1. 自主学习计划 2. 个人口头或书面提议 3. 协作完成创新作品					5%
总计								

项目九

烃的衍生物

任务一　认识乙醇

任务目标

1. 记住乙醇的物理性质。
2. 知道乙醇的分子结构和化学性质。
3. 知道乙醇在生产生活中的应用。
4. 记住重要的醇。
5. 会配制医用酒精。

任务引入

日常生活中接触过的含有乙醇的物质有哪些？你能说出乙醇有哪些物理性质吗？

知识与技能准备

一、乙醇

乙醇是无色、透明且具有特殊香味的液体，密度比水小。25℃时的密度是0.7893g/mL，沸点为78.5℃。乙醇易挥发，是一种重要的溶剂，能够溶解多种无机物和有机物，能跟水以任意比例互溶。

酒中乙醇的体积分数，称为酒的度数，1°表示100mL酒中含有1mL乙醇。医用酒精主要指体积分数为75%左右的乙醇。

乙醇的分子式：C_2H_6O

乙醇的结构式：

```
    H  H
    |  |
 H—C—C—O—H
    |  |
    H  H
```

结构简式：CH_3CH_2OH 或 C_2H_5OH

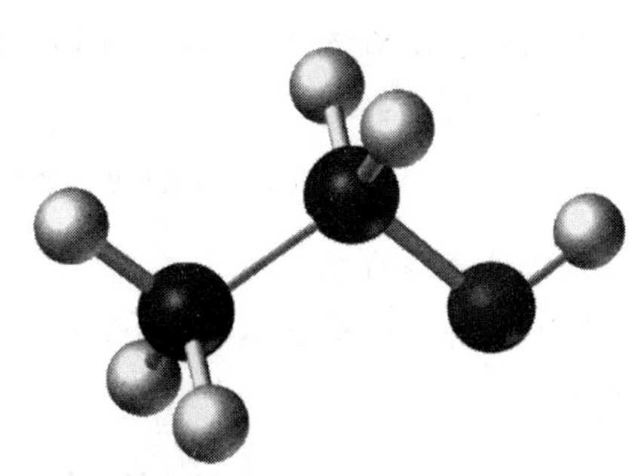

图9-1-1　乙醇分子球棍模型

乙醇分子球棍模型见图 9-1-1。

二、乙醇的化学性质

乙醇分子是由乙基（$-C_2H_5$）和官能团羟基（$-OH$）组成的，羟基比较活泼，它决定着乙醇的主要性质。

1. 与活泼金属反应

乙醇分子中羟基上的氢比烃基中的氢活泼，可被活泼金属（钠、钾、镁、铝等）置换。

实验：在一支大试管中注入 3mL 左右无水乙醇，再放入一小块新切开的用滤纸擦干的金属钠。

现象：钠会上下浮动，并产生气泡。

化学方程式：

$$2CH_3CH_2OH+2Na \longrightarrow 2CH_3CH_2ONa+H_2\uparrow$$

2. 氧化反应

（1）乙醇在加热和有催化剂（铜或银）存在的条件下，能够被空气部分氧化，生成乙醛。

实验：在一支试管中加入 3mL 乙醇。将一根铜丝绕成螺旋状，把铜丝在酒精灯上加热至红热后，迅速插入试管中的乙醇溶液中，反复多次后，闻液体气味。

现象：闻到刺激性的气味，证明有乙醛生成。

化学方程式：

$$2C_2H_5OH+O_2 \xrightarrow{\text{Cu催化剂}} 2C_2H_4O+2H_2O$$

（2）乙醇跟氧气的反应

乙醇在空气中燃烧，火焰呈浅蓝色。

化学方程式：

$$C_2H_5OH+3O_2 \xrightarrow{\text{点燃}} 2CO_2+3H_2O$$

3. 脱水反应

乙醇和浓硫酸混合共热时，乙醇分子内脱去一个水分子而生成不饱和化合物的反应，叫做脱水反应（此反应又叫消去反应）。

（1）分子间脱水

当乙醇和浓硫酸共热时，控制温度在 140℃左右，发生分子间脱水，生成乙醚。

化学方程式：

$$2CH_3CH_2OH \xrightarrow{\text{浓硫酸催化}} CH_3CH_2-O-CH_2CH_3+H_2O$$

（2）分子内脱水

当乙醇和浓硫酸共热到 170℃时，发生分子内脱水，生成乙烯，实验室用此方法制备乙烯。

化学方程式：$CH_3CH_2OH \xrightarrow{\text{浓硫酸催化}} CH_2=CH_2+H_2O$

三、乙醇的制法

1. 发酵法

发酵法是制取乙醇的一种重要方法，所用原料是含糖类很丰富的各种农产品，如高粱、玉米、薯类以及多种野生的果实等（见图 9-1-2），也常利用废糖蜜。这些物质经过发酵，再进行蒸馏，可以得到 95%（质量分数）的乙醇。

图 9-1-2　乙醇发酵的原材料

2. 乙烯水化法

以石油裂解产生的乙烯为原料，在加热、加压和有催化剂（硫酸或磷酸）存在的条件下，使乙烯与水反应，生成乙醇。这种方法叫做乙烯水化法。用乙烯水化法生产乙醇，成本低，产量大，能节约大量粮食，所以随着石油化工的发展，这种方法发展很快。

四、重要的醇

分子里只含有一个羟基的醇，叫做一元醇。饱和一元醇的通式是 $C_nH_{2n+1}OH$，简写为 ROH。如甲醇、乙醇等，它们都是重要的化工原料，同时，它们还可用作车用燃料，是一类新的可再生能源。

甲醇

甲醇是一种重要的有机溶剂，其溶解性能优于乙醇，可用于调制涂料。一些无机盐如碘化钠、氯化钙、硝酸铵、硫酸铜、硝酸银、氯化铵、氯化钠都或多或少地能溶于甲醇。作为一种良好的萃取剂，甲醇在分析化学中可用于一些物质的分离，还用于检验和测定硼。

甲醇是一种优良燃料，可作能源。在汽车燃油中可直接添加 3%～5%的甲醇，目前直接将甲醇当燃料已引起世界各国的兴趣，它已被某些发电站作燃料。1985 年 5 月，加拿大政府曾宣布过一项全国性计划，试验用甲醇做公共汽车和运输卡车的燃料。1987 年，我国在北京顺义也建成投产第一座年产万吨的甲醇汽油厂，甲醇汽油由 50%的汽油、40%的甲醇和 10%的添加剂组成。前些年我国汽车用“高比例甲醇汽油”的研制和应用也取得成果，并通过鉴定。使用这种燃料，汽车发动机无须改装，燃料辛烷值高，造成空气污染远比柴油、汽油要小，该项科技成果对缓解我国燃油短缺，促进煤炭深加工和环境保护有重要意义。在宇宙航空中甲醇能作火箭燃料。

甲醇可以做防冻剂，严冬时节在汽车水箱中添加适量甲醇，能使水箱中循环冷却水不冻，在禁酒国家中甲醇用作酒精变性剂，将甲醇掺在乙醇之中得到变性乙醇，具有一定毒性，使之不宜饮用。甲醇经微生物发酵可生产甲醇蛋白，富含维生素和蛋白质，具有营养价值高且成本低的优点，是颇有发展前景的饲料添加剂，能广泛用于牲畜、家禽、鱼类的饲养。

任务实施

1. 酒精着火，应该如何扑灭？

2. 严禁酒驾，交警用酒精分析器吸收驾驶员呼出的气体，可以测定驾驶员体内的酒精含量。通过颜色的变化就可以判断驾驶员是否饮过酒。上网查询，酒精分析器内装的是什么物质，颜色发生了什么样的变化。

3. 写出甲醇在浓硫酸作用下进行分子间脱水的反应方程式。

4. 用无水乙醇配制医用酒精。

任务二　认识苯酚

任务目标

1. 概述苯酚的结构、性质和用途。

2. 熟练掌握苯酚的化学性质。

3. 会正确运用化学试剂鉴别苯酚。

任务引入

羟基和烃基直接相连的化合物叫做醇，那么羟基和苯环直接相连的化合物也属于醇吗？

知识与技能准备

羟基（—OH）与苯环直接相连的有机化合物称为酚。其结构通式用 Ar—OH 表示，官能团（—OH）称酚羟基。苯分子中只有一个氢原子被羟基取代的生成物是最简单的酚，叫做苯酚。

一、苯酚的结构

苯酚的分子式：C_6H_6O

苯酚结构简式：

OH

苯酚分子球棍模型见图 9-2-1。

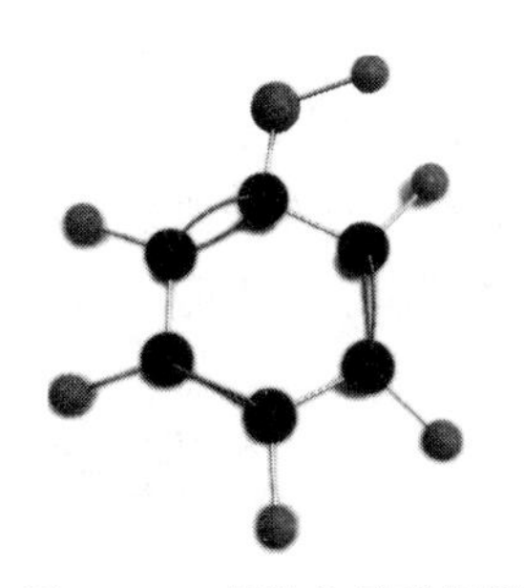
图 9-2-1 苯酚分子球棍模型

二、苯酚的物理性质

苯酚存在于煤焦油中，俗名石炭酸。纯净的苯酚是一种有特殊气味的无色晶体，暴露在空气中会因部分被氧化而呈粉红色，熔点为 43℃。常温下苯酚微溶于水，加热时，苯酚能与水以任意比例互溶。苯酚易溶于酒精、乙醚等有机溶剂。苯酚具有腐蚀性和一定的毒性，苯酚的浓溶液对皮肤有强烈的腐蚀作用。如不慎将苯酚沾到皮肤上，应立即用酒精洗涤。

三、苯酚的化学性质

酚和醇的官能团都是羟基，由于酚羟基与苯环的相互影响，使苯酚表现出一些不同于醇，也不同于芳香烃的性质。

实验：

① 向一个盛有少量苯酚晶体的试管中加入 2mL 蒸馏水，振荡并观察现象。

现象：溶液变浑浊。

② 向上述试管中再逐滴加入 5%的 NaOH 溶液，振荡，观察试管中溶液的变化。

现象：溶液变澄清。

化学方程式：

$$C_6H_5OH + NaOH \longrightarrow C_6H_5ONa + H_2O$$

③ 向上述实验所得澄清溶液中通 CO_2 气体，观察溶液的变化。

现象：溶液变浑浊，证明苯酚的酸性比碳酸弱。

化学方程式：

$$C_6H_5ONa + CO_2 + H_2O \longrightarrow C_6H_5OH + NaHCO_3$$

④ 向盛有少量苯酚稀溶液的试管中加入过量浓溴水。

现象：有白色沉淀生成，这个反应可用来检验苯酚的存在和定量测定。

⑤ 取 1 支试管，加入苯酚溶液，滴入几滴 $FeCl_3$ 溶液，振荡。

现象：溶液变成紫色，这个反应也可用来检验苯酚的存在。

四、苯酚的用途

苯酚是一种重要的化工原料，主要用于制造酚醛树脂（俗称电木）。还广泛用作制造合成纤维、医药、染料、农药、炸药等的重要原料。苯酚在医药上是常用的消毒剂。医院用于消毒环境的消毒液“来苏尔”即是苯酚的同系物甲苯酚的肥皂溶液，日常所用的药皂中也加入了少量的苯酚。

1. 用实验的方法鉴别苯酚。

2. 比较苯酚、乙醇、苯性质的异同点。

任务三 认识乙醛及丙酮

任务目标

1. 知道乙醛、丙酮的结构式、主要性质及用途。
2. 知道醛类、酮类在结构上的特点。
3. 知道银镜反应原理，并会制银镜。
4. 会用化学试剂鉴别乙醛。

任务引入

乙醇在加热和有催化剂（Cu 或 Ag）存在的条件下，能够被空气氧化，生成乙醛。那么乙醛具有哪些性质呢？

知识与技能准备

一、乙醛

乙醛是无色、有刺激性气味的液体，密度比水小，沸点是 20.8℃，易挥发，易燃烧，能和水、乙醇、乙醚、氯仿等互溶。

图 9-3-1 乙醛分子的球棍模型

乙醛的分子式：C_2H_4O

乙醛的结构简式：

$$CH_3\overset{\overset{\displaystyle O}{\|}}{C}—H \text{ 或 } CH_3CHO$$

乙醛分子的球棍模型见图 9-3-1。

二、乙醛的化学性质

在有机化学的反应中，常把加氧或去氢的反应叫做氧化反应，反之，把加氢或去氧的反应叫做还原反应。

1. 氧化反应

乙醛具有还原性，能被很弱的氧化剂氧化。

（1）银镜反应

实验：取一支洁净的试管，加入 1mL 2%的 $AgNO_3$ 溶液，一边振荡试管，一边逐滴加入 2%的稀氨水，至沉淀恰好消失，这时得到的溶液叫做银氨溶液。然后再滴入几滴乙醛，振荡，把试管置于热水中温热（见图 9-3-2）。

现象：试管内壁有光亮如镜的银生成。

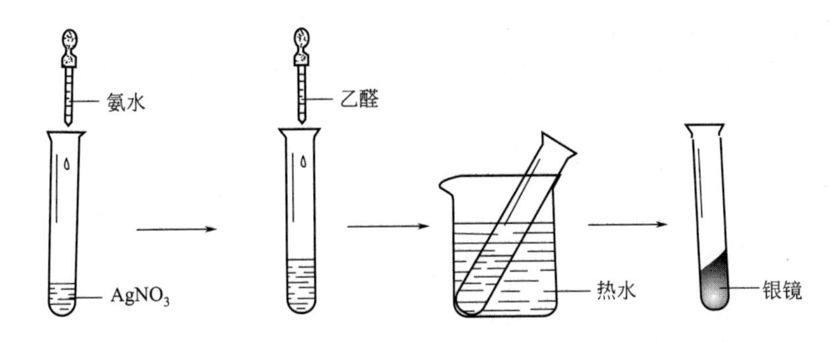

图 9-3-2　乙醛的银镜反应

结论：托伦试剂［硝酸银的氨水溶液，$Ag(NH_3)_2OH$］与醛共热时，醛被氧化成羧酸，在碱性介质中生成羧酸盐，如试管洁净，析出的银附着在试管壁上，形成光亮的银镜，所以又叫银镜反应。

（2）斐林反应

实验：取一支试管，加入 2mL 10% NaOH 溶液，滴入 4～6 滴 2%$CuSO_4$溶液，振荡后加入 0.5mL 乙醛溶液，加热至沸（见图 9-3-3）。

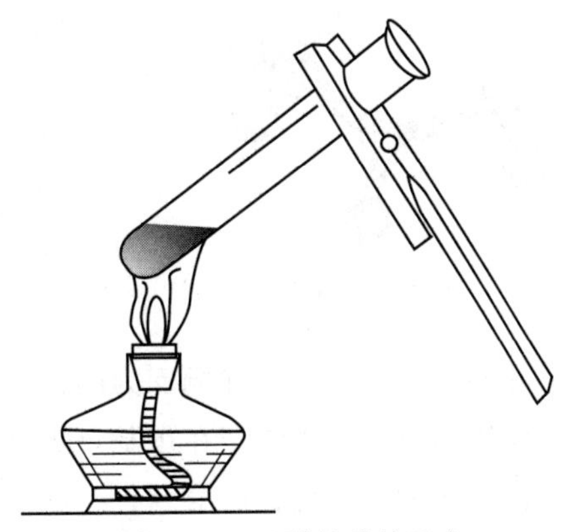

图 9-3-3　乙醛的斐林反应

现象：先产生蓝色沉淀，加热后产生红色沉淀。

结论：斐林试剂（新制的氢氧化铜悬浊液）与醛共热时，醛被氧化成羧酸，同时本身被还原成砖红色的 Cu_2O 沉淀。这个反应叫斐林反应。

2. 加成反应（还原反应）

醛基（—CHO）的结构实际上是羰基碳与一个氢原子直接相连，羰基是碳-氧双键，是一个不饱和基团，易发生加成反应。例如，乙醛蒸气与氢气的混合物，在催化剂镍的作用下，发生加成反应，乙醛被还原成乙醇。

化学方程式：

$$CH_3CHO + H_2 \xrightarrow{\text{催化剂}} CH_3CH_2OH$$

三、重要的醛

分子中由烃基跟醛基相连而构成的化合物叫做醛。醛的通式是 RCHO，饱和一元醛的通式是 $C_nH_{2n}O$。由于醛基很活泼，可以发生很多反应，醛的通性是能被还原成醇，被氧化成羧酸。

甲醛（CH_2O）又名蚁醛，是一种无色具有强烈刺激性气味的气体，易溶于水、醇和醚。甲醛的水溶液（又称福尔马林）具有杀菌、防腐性能，是一种良好的杀菌剂。在农业上常用稀释的福尔马林溶液（0.1%～0.5%）来浸种，给种子消毒，还可用来浸制生物标本。家居装修中使用的装饰材料中含有甲醛，在空气中挥发会有害健康，因此，新房装修完成后特别要注意通风。

乙醛是有机合成工业中的重要原料，主要用来生产乙酸、丁醇、乙酸乙酯等一系列重要化工产品。

四、丙酮

分子式：C_3H_6O

结构式：$CH_3-\overset{\overset{\large O}{\|}}{C}-CH_3$

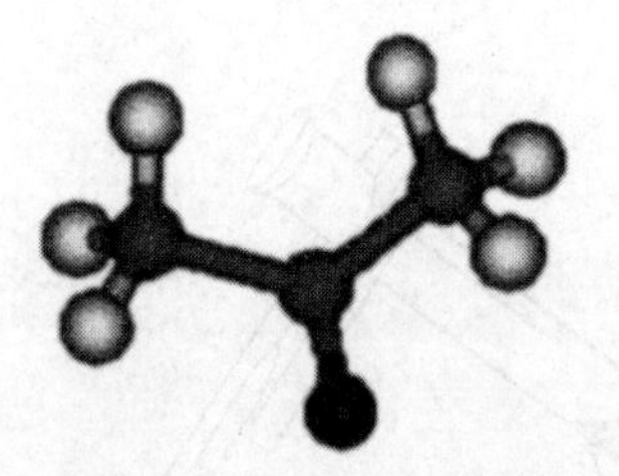

图 9-3-4　丙酮分子的球棍模型

丙酮分子的球棍模型见图 9-3-4。

丙酮是无色具有香味的液体，沸点是 56.2℃，易挥发、易燃烧。丙酮易溶于水和有机溶剂，本身用作醋酸纤维、油脂、乙炔、橡胶、聚苯乙烯塑料等的溶剂。

酮是在羰基碳原子上结合着两个相同或不同烃基的羰基化合物。通式为 RC（=O）R′。低级酮是液体，能溶于水，具有令人愉快的气味，高碳数酮（高级酮）是固体。

相同碳原子数的醛和酮互为同分异构体。酮类化合物比醛类化合物稳定，如丙酮不能发生银镜反应。由于存在羰基，酮可以在催化剂作用下与氢气发生加成反应。

丙酮作为一种优良的溶剂，广泛用于涂料、电影胶片、化学纤维等生产中，最常见的用途是用作卸除指甲油的去甲水，以及涂料的稀释剂；它又是重要的有机合成原料，应用于医药、涂料、塑料、火药、树脂、橡胶、照相软片等行业，用来制备有机玻璃、环氧树脂等。生活中可将其用作某些家庭生活用品（如液体蚊香）的分散剂，化妆品中的指甲油含丙酮达 35%。

患糖尿病的人，由于新陈代谢紊乱的缘故，体内常有过量丙酮产生，从尿中排出。尿中是否含有丙酮可用碘仿反应检验。在临床上用亚硝酰铁氰化钠 [$Na_2Fe(CN)_5NO$] 溶液的颜色反应来检查，在尿液中滴加亚硝酰铁氰化钠和氨水溶液，如果有丙酮存在，溶液就呈现鲜红色。

分别写出福尔马林、丙酮的分子式和结构式，并上网查出它们的主要用途。

甲醛

家庭房屋装修已成为现代人置家的必修之课，就装修的材料而言是越来越高级。但是由于使用劣质材料装修引起的室内环境的空气污染也越来越严重。室内空气污染对人体最大的危害要数甲醛和苯（甲苯、二甲苯）。有关因装修引起人体中毒的事件屡见报端，可以引起肿瘤、流产，甚至死亡。为什么劣质材料的生产和使用仍然是我行我素呢？主要是人们对有害物质的认识还不够及利益驱使。

来源：汽车尾气在光化学反应后生成，刨花板、密度板、涂料、多层夹板等在生产过程中使用含甲醛的溶剂。还有不法商贩在食品加工中使用吊白块（甲醛次硫酸氢钠），也可能是室内甲醛的来源。

毒性作用：甲醛可通过呼吸、饮食、接触后进入人体。甲醛对人黏膜具有强烈的刺激性，可使人流泪、咳嗽。人吸入含有 60～120mg/m^3 的甲醛空气，可引起支气管和肺部的严重损害。甲醛对神经系统的危害更大，特别是对视丘有强烈的毒性作用。甲醛进入人体后可使多种酶受到抑制，破坏核酸的合成，可使维生素 C 的代谢紊乱。用昆虫做试验表明甲醛有致突变作用，可以致使大鼠妊娠中的胎儿发育障碍。

甲醛中毒可分为三类。

1. 皮肤黏膜的损害

甲醛可使皮肤瘙痒、充血、出现丘疹，皮肤破损后可发生化脓及坏死，可形成皮肤硬结性肥厚或龟裂。可对黏膜造成腺体分泌增多。

2. 急性中毒

人在被甲醛严重污染的空间里可表现为流泪、眼剧痛、喉痒、鼻分泌物增加、咳嗽、胸闷、全身无力、多汗头痛，有时发生眩晕。局部黏膜充血（眼、鼻）、出血，还可出现神经系统症状，比如步态不稳、肌肉痉挛等。有文献表明一次性口服 6%的甲醛 100～200mL 即可引起死亡。

3. 慢性中毒

在长期接触低浓度甲醛后可造成慢性中毒，表现为：消化功能下降，兴奋性加强，视力有障碍，颜面神经麻痹，坐骨神经区疼痛，眼球震颤，共济失调。在甲醛浓度 0.02～0.07mg/L 的环境中工作生活时，人会出现食欲下降、体重减轻、乏力、持续性头痛、心悸、失眠等。甲醛慢性中毒还可出现感觉障碍和造成阻塞性肺通气功能障碍。

使用一般材料装修房间，甲醛含量大约在 2mg/m^3，如果使用劣质材料，甲醛含量可达 13.4mg/m^3。甲醛从材料中释放出来大约需 3～15 年。

任务四　认识乙酸及乙酸乙酯

任务目标

1. 记住乙酸分子的结构特点和乙酸的性质。
2. 会用化学试剂鉴别乙酸。
3. 知道乙酸、乙酸乙酯的主要用途。

任务引入

食醋的主要成分是什么？它有哪些性质？

知识与技能准备

一、乙酸

乙酸易溶于水、乙醇等许多有机溶剂。易挥发，是一种具有强烈刺激性气味的无色液体。纯乙酸沸点 117.9℃，熔点为 16.6℃。若在 16.6℃以下，纯乙酸会结晶，状态像冰样的固体，所以纯乙酸又称冰醋酸。乙酸又名醋酸，它是食醋的主要成分，普通食醋中乙酸的质量分数为 3%～5%，是日常生活中经常接触的一种有机酸。

乙酸的分子式为 $C_2H_4O_2$，乙酸分子结构中的（—COOH）结构，叫做羧基，是羧酸的官能团。

乙酸的结构简式 CH_3COOH

乙酸分子球棍模型见图 9-4-1。

二、乙酸的化学性质

1. 酸性

乙酸是一种弱酸，具有酸的通性，能与活泼金属、碱、碱性氧化物、盐等发生化学反应。

$$CH_3COOH \rightleftharpoons CH_3COO^- + H^+$$

实验：向盛有少量乙酸的试管里，滴加几滴紫色石蕊试液。

现象：紫色石蕊试液变红，说明乙酸显酸性。

2. 酯化反应

实验：在 1 支试管里加入 3mL 乙醇，然后边摇动试管边慢慢滴加 2mL 的浓硫酸和 2mL 冰醋酸。用酒精灯小心均匀地加热试管 3～5min，产生的蒸气经导管通到饱和碳酸钠溶液的液面上（见图 9-4-2）。

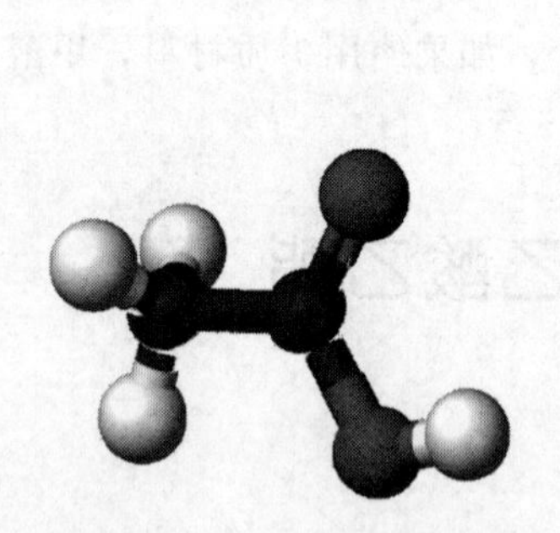

图 9-4-1 乙酸分子球棍模型

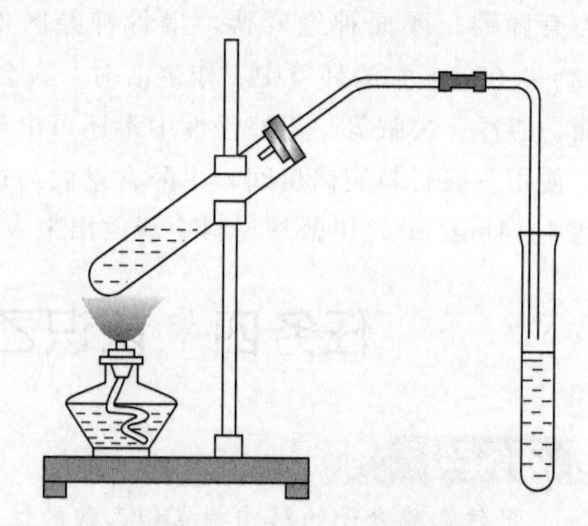

图 9-4-2 乙醇和乙酸的反应

现象：溶液分成两层，上层呈无色油状，下层为水溶液，能闻到水果的香味。

在有浓硫酸存在并加热的条件下，乙酸能与乙醇发生反应，生成乙酸乙酯和水的反应叫酯化反应。

方程式：

$$CH_3COOH+CH_3CH_2OH \xrightarrow{\triangle} CH_3COOCH_2CH_3+H_2O$$

浓硫酸在酯化反应中起什么作用？

浓硫酸的作用为催化剂、吸水剂。酯化反应的催化剂为酸或碱，由于是可逆反应，所以用浓硫酸的吸水性吸收产物中的水，已使酯化反应更彻底，从而有利于反应向酯化反应方向进行。

三、乙酸乙酯

乙酸乙酯是一种重要的酯类物质，无色透明液体，能与氯仿、醇、丙酮及醚混溶；25℃时 10mL 水中可溶本品 1mL，温度升高则形成二元共沸混合物。乙酸乙酯容易水解，常温下有水存在时，也逐渐水解生成乙酸和乙醇，添加微量的酸或碱能促进水解。所以，酯化反应可以看作是水解反应的逆反应。能闻到水果香味，这是因为水果中含有一种酯类化合物（见图 9-4-3）。

图 9-4-3　富含酯类的水果香气浓郁

任务实施

1. 写出乙酸与下列物质反应的化学方程式：

① $Cu(OH)_2$　　② CaO　　③除水垢

2. 为何在醋中加少许白酒，醋的味道就会变得芳香且不易变质？

3. 厨师烧鱼时常加醋并加点酒，这样鱼的味道就变得无腥、香醇、特别鲜美。为什么？

4. 上网查询甲酸甲酯、甲酸乙酯等低级酯的用途。

乙酸及酯类的用途

乙酸是重要的有机化工原料，目前，工业上主要用乙醛催化氧化法、甲醇低压羰基化法、低碳烷或烯液相氧化法等方法制备。乙酸可以合成许多有机物，如醋酸纤维、维尼纶、喷漆溶剂、香料、染料、药物以及农药等。食醋是重要的调味品，醋在日常生活中有许多妙用，它可以帮助消化，同时又常用作“流感消毒剂”。

低级酯是具有水果香味的无色液体，存在于植物的花果中，如苹果中含有戊酸异戊酯，香蕉中含有乙酸异戊酯，茉莉花中含有苯甲酸甲酯。低分子量的酯可用作溶剂，许多带有支链的醇形成的酯是优良的润滑油。酯还可用于香料、香精、化妆品、肥皂和药品等工业。

复 习 题

一、填空题

1. 在酯化反应中浓 H_2SO_4 主要起（ ）和（ ）作用。
2. 银镜反应实验的试管内壁上附着一层银，洗涤时，可选用的试剂是（ ）。
3. 用一种试剂鉴别下列各组物质，写出所用试剂的名称：

(1) 甲酸和乙酸（ ） (2) 甲酸和乙醛（ ）

(3) 乙醇、乙醛、乙酸（ ） (4) 苯、硝基苯、乙醇（ ）

二、选择题

1. 下列物质既能发生加成、酯化反应，又能发生部分氧化反应的是（ ）。

A. CH_3CH_2OH B. CH_3CHO C. CH_3COOH D. C_6H_5OH

2. 某有机物的最简式是 CH_2O，则该有机物可能是（ ）。

A. 甲醛 B. 乙醛 C. 甲酸 D. 乙酸

3. 下列与钠、苛性钠、纯碱均能发生反应的羧酸是（ ）。

A. 乙醇 B. 苯酚 C. 乙酸 D. 乙醛

4. 下列不能和新制备的氢氧化铜反应的物质是（ ）。

A. 甲醇 B. 甲醛 C. 甲酸 D. 甲酸甲酯

5. 下列各组物质中互为同系物的是（ ）。

A. 丙酮与丙醛 B. 甲酸与乙酸

C. 乙酸与乙醚 D. C_6H_5OH 与 $C_6H_5CH_2OH$

6. 物质的量相同的下列物质，完全燃烧时，消耗 O_2 的量最多的是（ ）。

A. 乙烷 B. 乙醇 C. 乙醛 D. 乙酸

7. 下列一种试剂可以将乙醇、乙醛、乙酸、甲酸四种无色液体鉴别的是（ ）。

A. 银氨溶液 B. 浓溴水

C. $FeCl_3$ 溶液 D. 新制 $Cu(OH)_2$ 悬浊液

8. 下列有关银镜反应的说法中正确的是（ ）。

A. 向 2% 的稀氨水中滴加 2% 的硝酸银溶液制得银氨溶液

B. 甲酸属于羧酸，不能发生银镜反应

C. 银镜反应通常采用酒精灯加热

D. 银镜反应后的试管一般采用稀硝酸洗涤

9. 关于乙酸的下列说法中，不正确的是（ ）。

A. 乙酸易溶于水和乙醇

B. 无水乙酸又称冰醋酸，它是纯净物

C. 乙酸是一种重要的有机酸，是有刺激性气味的液体

D. 乙酸分子中有 4 个氢原子，所以不是一元酸

10. 酯化反应属于（　　）。

A. 中和反应　　B. 不可逆反应　　C. 离子反应　　D. 取代反应

11. 下列物质中，纯净物是（　　）。

A. 医用酒精　　B. 福尔马林　　C. 聚氯乙烯　　D. 石炭酸

三、判断题

1. 乙醇分子中含有碳、氢两种元素，因此乙醇属于烃类化合物。（　　）

2. 凡是含有羟基的化合物，都属于醇。（　　）

3. 丙酮是含有羟基官能团的化合物，分子中碳原子和氧原子以单键相连。（　　）

4. 乙醛催化加氢生成醇称为还原反应。（　　）

5. 甲酸能发生银镜反应，乙酸则不能。（　　）

6. 有机羧酸一般是弱酸，醋酸是有机羧酸，碳酸是无机酸，所以醋酸的酸性比碳酸弱。（　　）

7. 乙酸分子中有 4 个氢原子，因此乙酸属于多元酸。（　　）

四、计算题

某有机物的蒸气密度为 2.679g/L（已折算成标准状况）。燃烧该物质，生成水和二氧化碳（标准状况），该有机物能跟碳酸钠溶液反应生成气体。试计算该有机物的化学式，并写出它的结构简式和名称。

五、推断题

石油裂解可获得 A。已知 A 在通常状况下是一种分子量为 28 的气体，A 通过加聚反应可以得到 F，F 常作为食品包装袋的材料。有机物 A、B、C、D、E、F 有如下图的关系。

$$F \xleftarrow{③} A \xrightarrow[①]{H_2O} B \xrightarrow[\triangle]{Cu, O_2} C \xrightarrow{O_2} D$$

$$B + D \xrightarrow[②]{H_2SO_4\ \triangle} E$$

（1）A 的分子式为________，用途为________________。

（2）写出反应①的化学方程式________________，该反应的类型是________。

写出反应②的化学方程式________________，该反应的类型是__________。

写出反应③的化学方程式________________。

任务评价

目标	评价要素	评价标准	评价依据	考核方式			得分	权重
				自评 20%	互评 20%	师评 60%		
知识	基本知识	1. 掌握的知识点 2. 完成书面作业 3. 分析和解决问题	1. 个人作业 2. 课堂笔记 3. 课堂练习 4. 项目测试					35%

续表

<table>
<tr><th rowspan="2">目标</th><th rowspan="2">评价
要素</th><th rowspan="2">评价标准</th><th rowspan="2">评价依据</th><th colspan="3">考核方式</th><th rowspan="2">得分</th><th rowspan="2">权重</th></tr>
<tr><th>自评
20%</th><th>互评
20%</th><th>师评
60%</th></tr>
<tr><td>能力</td><td>基本
技能</td><td>1. 知道乙醇、苯酚、乙醛、丙酮、乙酸及杂环化合物的命名、性质、实验室制法、用途
2. 会用官能团分析以上有机化合物
3. 会正确应用化学试剂鉴别以上物质</td><td>1. 课堂练习
2. 技能测试
3. 实验(实训)报告</td><td></td><td></td><td></td><td></td><td>50%</td></tr>
<tr><td rowspan="3">情感与
素质</td><td>学习
态度</td><td>1. 出勤情况
2. 遵章守纪
3. 主动学习
4. 完成作业
5. 独立探究问题</td><td>1. 考勤表
2. 同学及教师观察
3. 课堂笔记
4. 课前准备
5. 个人或小组作业</td><td></td><td></td><td></td><td></td><td>5%</td></tr>
<tr><td>沟通
协作
管理</td><td>1. 信息搜集与加工
2. 分工协作
3. 观点表达
4. 理解沟通</td><td>1. 乐于请教和帮助同学
2. 小组活动协调和谐
3. 协作教师教学管理
4. 同学及教师观察</td><td></td><td></td><td></td><td></td><td>5%</td></tr>
<tr><td>创新
精神</td><td>1. 创新思维
2. 创新技能</td><td>1. 自主学习计划
2. 个人口头或书面提议
3. 协作完成创新作品</td><td></td><td></td><td></td><td></td><td>5%</td></tr>
<tr><td colspan="7">总计</td><td></td><td></td></tr>
</table>

项目十 常见有机化合物

任务一　认识糖类

任务目标

1. 记住糖类的组成及分类。
2. 会叙述葡萄糖的还原性以及在人体内的转化和用途。
3. 记住淀粉、纤维素的性质和重要用途。

任务引入

哪些物质属于糖类？为什么我们嚼米饭时越嚼越甜？

知识与技能准备

糖类化合物由C、H、O三种元素组成，分子中H和O的比例通常为2∶1，与水分子中的比例一样，可用通式$C_m(H_2O)_n$表示。因此，曾把这类化合物称为碳水化合物。糖类在生命活动过程中起着重要的作用，是一切生物体维持生命活动所需能量的主要来源。碳水化合物是为人体提供热能的三种主要的营养素中最廉价的营养素，是一切生物体维持生命活动所需能量的主要来源。糖的主要功能是提供热能。每克葡萄糖在人体内氧化产生4kcal（1kcal＝4.18kJ）能量，人体所需要的70％左右的能量由糖提供。此外，糖还是构成组织和保护肝脏功能的重要物质。

从化学构造上看，糖类化合物是多羟基醛、多羟基酮以及它们的缩合物，例如葡萄糖是多羟基醛。

分子结构简式：

$$CH_2OH—CHOH—CHOH—CHOH—CHOH—CHO$$

糖类化合物可根据被水解的情况分为三类：单糖、二糖及多糖。

一、单糖

不能水解成更简单的多羟基醛或多羟基酮的化合物叫单糖，单糖的结构如图10-1-1

图 10-1-1 单糖结构

所示，单糖的通式是 $C_m(H_2O)_n$。

单糖都是无色晶体，味甜，有吸湿性。极易溶于水，难溶于乙醇，不溶于乙醚。单糖中最重要的是葡萄糖和果糖。

1. 葡萄糖

葡萄糖是淀粉、蔗糖、麦芽糖及乳糖的水解产物，葡萄糖在自然界中分布极广，尤以葡萄中含量较多，因此叫葡萄糖。存在于人血液中的葡萄糖叫做血糖。糖尿病患者的尿中含有葡萄糖，含糖量随病情的轻重而不同。葡萄糖是无色晶体或白色结晶性粉末，熔点 146℃，易溶于水，难溶于酒精，有甜味。

实验：

① 银镜反应。在一支洁净的试管中配制 2mL 银氨溶液，加入 1mL 10％的葡萄糖溶液，振荡，然后在水浴中加热 3～5min，有光亮如镜的银生成。

② 斐林反应。在试管里加入斐林 10％NaOH 溶液 2mL，滴加 5％$CuSO_4$溶液 5 滴，再加入 2mL10％的葡萄糖溶液，加热，有砖红色沉淀生成。

实验证明，葡萄糖是多羟基醛，分子中的醛基易被氧化为羧基，因此，葡萄糖具有还原性，能发生银镜反应，也能与斐林试剂作用。

2. 果糖

果糖以游离状态存在于水果和蜂蜜中，是最甜的糖，在动物的前列腺和精液中也含有相当量的果糖。果糖为无色晶体，熔点为 105℃，通常为黏稠性液体，易溶于水、乙醇和乙醚。

果糖的分子式为 $C_6H_{12}O_6$，是葡萄糖的同分异构体，其结构简式为：CH_2OH—CHOH—CHOH—CHOH—CO—CH_2OH，是多羟基的酮糖，果糖分子中含有酮基，没有醛基，但在碱性条件下，可以转变为醛基，所以，果糖和葡萄糖都称为还原糖。

甘蔗很甜，这其中的糖是什么糖呢？

二糖水解后能生成两分子单糖。二糖中最常见的是蔗糖、麦芽糖和棉籽糖。

二、二糖

1. 蔗糖

蔗糖是白色晶体，易溶于水，较难溶于乙醇，甜味仅次于果糖。蔗糖在甜菜、甘蔗和水果中含量极高。平时食用的白糖、红糖都是蔗糖；蔗糖发酵形成的焦糖可以用作酱油的增色剂。

蔗糖的分子式是 $C_{12}H_{22}O_{11}$，蔗糖的分子结构中不含醛基（见图 10-1-2）。蔗糖不显还原性，是一种非还原糖。

在酸性条件下能水解成葡萄糖和果糖：

$$C_{12}H_{22}O_{11} + H_2O \longrightarrow C_6H_{12}O_6 + C_6H_{12}O_6$$

2. 麦芽糖

麦芽糖主要存在于麦芽中，故称为麦芽糖。麦芽糖是白色晶体，易溶于水，有甜味，但不如蔗糖甜，熔点160～165℃，淀粉经麦芽或唾液酶作用可部分水解成麦芽糖，饴糖就是麦芽糖的粗制品（见图10-1-3）。

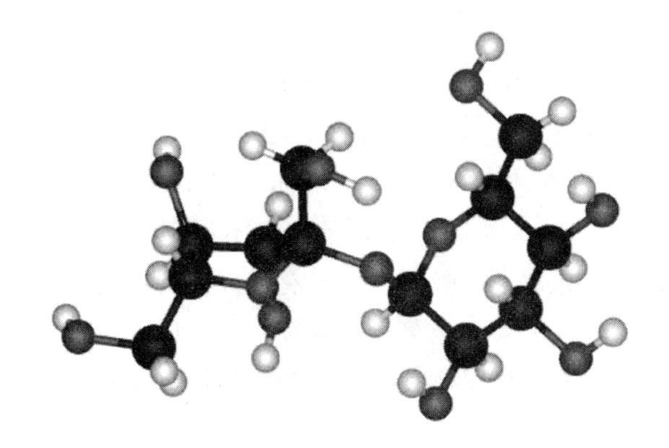

图10-1-2　蔗糖结构

图10-1-3　麦芽糖

麦芽糖与蔗糖是同分异构体，麦芽糖在酸等催化作用下，可以水解成葡萄糖。

$$C_{12}H_{22}O_{11} + H_2O \longrightarrow 2C_6H_{12}O_6$$

问题讨论

米饭、土豆、水果、蔬菜等食物的成分是什么？

三、多糖

多糖是自然界中分布最广的一类天然高分子化合物。它们的每个分子是由多个单糖结合而成的。多糖的性质与单糖、大多数低聚糖很不相同。多糖没有甜味，而且大多不溶于水，个别的只能与水形成胶体溶液。淀粉和纤维素是自然界中最重要且常见的多糖，它们都是由多个葡萄糖分子脱水而形成的，其化学式为$(C_6H_{10}O_5)_n$，但淀粉和纤维素中葡萄糖分子间的结合方式以及它们所包含的单糖的数目不同，即n值不同（见图10-1-4）。

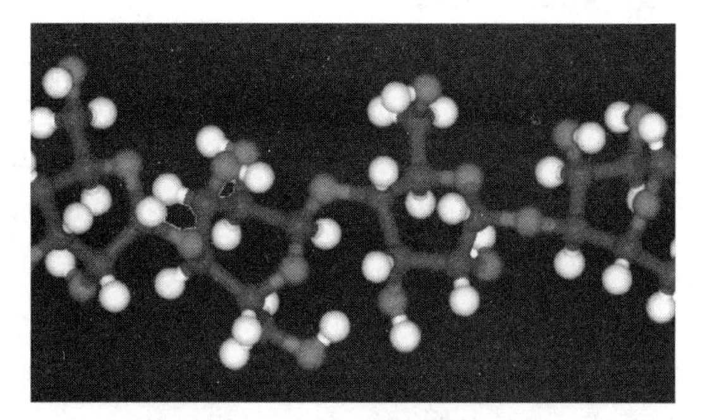

图10-1-4　多糖结构式

1. 淀粉

淀粉是无味、无臭的粉末状物质，淀粉是植物营养物质的一种储存形式，也是植物性食物中重要的营养成分。淀粉是绿色植物光合作用的产物，大量存在于植物的种子、根和块茎中，其中谷类含淀粉较多。淀粉是葡萄糖的高聚体，通式为$(C_6H_{10}O_5)_n$。

淀粉是天然有机高分子化合物，分子量较大，从几万到几十万，一个淀粉分子中含有数百到数千个单糖单元。

完整的淀粉在冷水中是不溶解的，也不溶于一般的有机溶剂。淀粉用酸或酶处理均易水解，逐步水解成小分子，水解的最终产物是葡萄糖。天然淀粉是直链淀粉和支链淀粉的混合物，直链淀粉分子卷曲成螺旋状，螺旋孔径正好能容下碘分子，形成蓝色的配合物；而支链淀粉遇碘呈红紫色。

2. 纤维素

纤维素是由葡萄糖组成的大分子多糖（见图 10-1-5）。不溶于水及一般有机溶剂。纤维素是自然界中分布最广、含量最多的一种多糖，占植物界碳含量的 50%以上。棉花的纤维素含量接近 100%，是天然的最纯纤维素来源。一般木材中，纤维素占 40% ～50%。纤维素是地球上最古老、最丰富的天然高分子，是取之不尽用之不竭的人类最宝贵的天然可再生资源。纤维素虽然不能被人体吸收，但具有良好的清理肠道的作用，它是健康饮食不可或缺的一个组成部分，水果、蔬菜、小扁豆、蚕豆以及粗粮中的含量较高。食用高纤维的食物可以降低患肠癌、糖尿病和憩室病的可能性，而且也不易出现便秘症状。

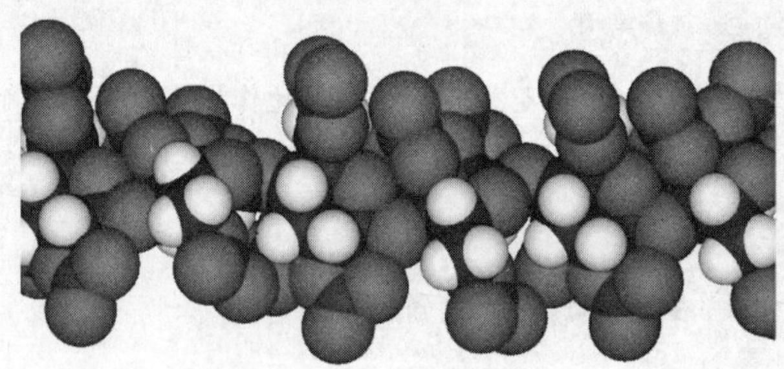

图 10-1-5 纤维素结构式

脂肪对人体的作用

人类的膳食脂肪来源主要是动物性脂肪和植物性脂肪。

动物性脂肪富含饱和脂肪酸（40%～60%），不饱和脂肪酸含量为 30%～50%。

植物性脂肪富含不饱和脂肪酸（80%～90%），饱和脂肪酸的含量仅为 10%～20%。深海鱼则是 EPA 和 DHA 的良好来源。含磷脂较多的食物为蛋黄、肝脏、大豆、花生、麦胚。富含胆固醇的食物是动物内脏、蛋类。

脂肪对人体的作用主要有四个方面。

1. 供给人体热量

脂肪在人体内氧化后变成二氧化碳和水，放出热量。由脂肪所产生的热量约为等量的蛋白质或碳水化合物的 2.2 倍。由此可见脂肪是身体内热量的重要来源。

2. 构成身体组织和生物活性物质

脂肪是构成身体细胞的重要成分之一，尤其是脑神经、肝脏、肾脏等重要器官中含有很多脂肪。脂肪在体内还构成身体组织和生物活性物质，如细胞膜的主要成分，形成磷脂、糖脂等。

3. 调节生理机能

因为脂肪不是良好的导热体，皮下的脂肪组织构成是保护身体的隔离层，所以脂肪有保持体温的作用。脂肪还可以为身体储存“燃料”作为备用，吃进脂肪以后，一时消耗不完的部分可以存在体内，等身体需要热量时再利用。

4. 其他

脂肪还具有保护内脏器官、滋润皮肤、防震、溶解营养素的作用。有些不溶于水而只溶于脂类的维生素，只有在脂肪存在时才能被人体吸收利用。

1. 上网查阅，糖类中哪些能被人体直接吸收，哪些要在体内转化为葡萄糖后，才能被吸收利用。

2. 上网查阅，什么叫膳食纤维，膳食纤维的主要功能有哪些?

葡萄糖和食品添加剂甜味素

1. 葡萄糖

葡萄糖口服后迅速吸收，进入人体后被组织利用，也可转化成糖原或脂肪贮存。正常人体每分钟利用葡萄糖的能力为每千克体重 6mg。

葡萄糖是一种能直接吸收利用、补充热能的碳水化合物，是人体所需能量的主要来源，在体内被氧化成二氧化碳和水，并同时供给热量，或以糖原形式储存。还能促进肝脏的解毒功能，对肝脏有保护作用。

2. 食品添加剂甜味素

天冬甜素，化学名为天冬酰苯丙氨酸甲酯，俗名甜味素，白色粉末，无臭，有强烈甜味，是由 L-天冬氨酸和 L-苯丙氨酸甲酯盐酸盐缩合而得。其甜度为蔗糖的 180 倍，甜味与砂糖十分相似，并有清凉感，无苦味或金属味。0.8%的水溶液 pH 为 4.5～6。长时间加热或高温可致破坏。在水溶液中不稳定，易分解而失去甜味，低温时和 pH 3～5 较稳定。用时现配或在速冻食品中使用较为理想。

甜味素于 1965 年被发现。由美国 Seark 公司开发并取得专利，1974 年美国食品与药品管理局（FDA）批准用作食品添加剂，甜味素以其无毒、低热、高甜、不致肥胖、不引起龋齿、不致心血管疾病等优点而广为使用，并被收入美国药典及美国食品化学法典。

任务二　认识蛋白质

任务目标

1. 说出氨基酸是构成蛋白质的基本单元。

2. 说出蛋白质的结构和性质。

3. 叙述蛋白质的主要功能，认识蛋白质是生命活动的主要承担者。

4. 具备健康的饮食观。

任务引入

一切生命活动都离不开蛋白质，你知道蛋白质具有什么性质吗?

知识与技能准备

蛋白质是生命的物质基础，没有蛋白质就没有生命。从最简单的病毒、细菌等微生物直到高等生物，一切生命过程都与蛋白质密切相关。机体中的每一个细胞和所有重要组成部分都有蛋白质参与。蛋白质占人体质量的16.3%，人体内蛋白质的种类很多，性质、功能各异，但都是由20多种氨基酸按不同比例组合而成的，并在体内不断进行代谢与更新。

人体通过摄入的植物和动物食品补充蛋白质。植物蛋白质主要由粮食提供，一般粮食中含有4%，稻米含8%～9%，面粉含10%～11%。在植物中含蛋白质最丰富的食物是黄豆，100g黄豆含蛋白质35g，豆制品含蛋白质也都比较丰富。在动物食品中，一般瘦肉类食品蛋白质含量为15%～20%，鱼虾类及软体动物类食品中蛋白质含量为15%～20%，牛奶蛋白质含量为2.3%，鸡蛋为12.8%。蔬菜、水果中蛋白质含量一般不高，在3%以下。

一、蛋白质的结构

蛋白质是由C、H、O、N组成，一般蛋白质可能还会含有P、S、Fe、Zn、Cu、B、Mn、I等。蛋白质是以氨基酸为基本单位构成的生物大分子。任何一种蛋白质分子在天然状态下均具有独特而稳定的结构，蛋白质的功能和活性不仅与组成多肽的氨基酸的种类、数目和排列顺序有关，还与其特定的空间结构密切相关。蛋白质可能包含一条或多条肽链，不同肽链中所包含的氨基酸数量以及它们的排列方式各不相同，多肽链本身以及多肽链之间还存在空间结构问题。这就造成了蛋白质数目众多，结构复杂（见图10-2-1）。

二、蛋白质的性质

多数蛋白质可溶于水或其他极性溶剂，不溶于有机溶剂；蛋白质的水溶液具有胶体的性质，不能透过半透膜。

1. 两性

蛋白质是由多个氨基酸脱水形成的，在每条多肽链的两端存在着自由的氨基与羧基。而且，侧链中也有酸性或碱性基团，因此，蛋白质具有两性，既能与酸反应，也能与碱反应。

2. 变性

在热、酸、碱、重金属盐或紫外线等作用下，蛋白质会发生性质上的改变而凝结起来。蛋白质的这种变化叫做变性。蛋白质变性后，就失去了原有的可溶性，也就失去了

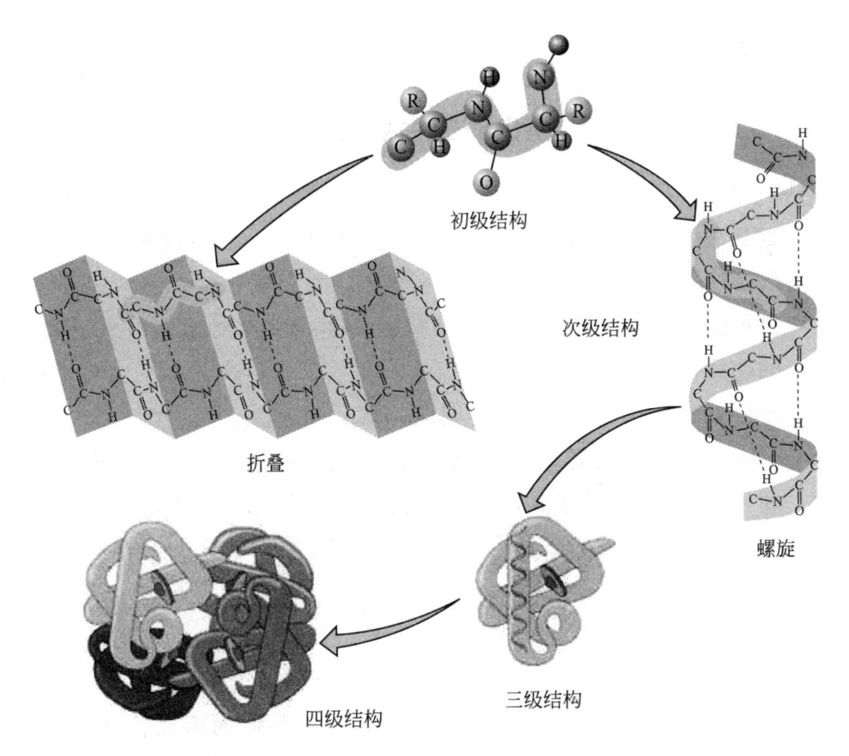

图 10-2-1　蛋白质四级结构

它们生理上的作用。因此蛋白质的变性凝固是个不可逆过程。蛋白质的变性有许多实际作用，如利用碱性溶液能使蛋白质胶凝的特性，使鸭蛋变成富有弹性的固体——松花蛋（见图 10-2-2）。

图 10-2-2　松花蛋

3. 盐析

少量的盐（如硫酸铵、硫酸钠、氯化钠等）能促进蛋白质的溶解，但如果向蛋白质溶液中加入浓的盐溶液，反而使蛋白质的溶解度降低，而从溶液中析出，这种作用称作盐析。这样析出的蛋白质仍可溶解在水中，并不影响原来蛋白质的生理活性，因此盐析是个可逆过程。采用多次盐析，可以分离和提纯蛋白质。

4. 颜色反应

蛋白质可以与许多试剂发生颜色反应，如蛋白质在浓碱（NaOH）溶液中与 $CuSO_4$ 溶液反应呈紫色或红色，有些蛋白质能跟浓硝酸起反应而呈黄色，皮肤等不慎沾到浓硝酸后出现黄色就是这个缘故。

任务实施

1. 你知道医院里通常用哪些方法来消毒杀菌吗？哪些方法跟蛋白质的结构有关？
2. 通过比较人体摄入的植物和动物食品中蛋白质的含量，注意合理膳食。

蛋白质的生物功能

蛋白质是一种复杂的有机化合物，旧称“朊”。蛋白质是由氨基酸分子呈线性排列形成的，相邻氨基酸残基的羧基和氨基通过肽键连接在一起。蛋白质的氨基酸序列是由对应基因所编码。除了遗传密码所编码的 20 种“标准”氨基酸，在蛋白质中，某些氨基酸残基还可以被翻译后修饰而发生化学结构的变化，从而对蛋白质进行激活或调控。蛋白质是生命的物质基础，是构成细胞的基本有机物，是生命活动的主要承担者。没有蛋白质就没有生命。因此，它是与生命及其各种形式的生命活动紧密联系在一起的物质。机体中的每一个细胞和所有重要组成部分都有蛋白质参与。蛋白质占人体体重的 16%～20%，即一个 60kg 的成年人，其体内约有蛋白质 9.6～12kg。人体内蛋白质的种类很多，性质、功能各异，但都是由 20 多种氨基酸按不同比例组合而成的，并在体内不断进行代谢与更新。

蛋白质是荷兰科学家格利特·马尔德在 1838 年发现的。他观察到有生命的东西离开了蛋白质就不能生存。蛋白质是生物体内一种极重要的高分子有机物，占人体干重的 54%。蛋白质主要由氨基酸组成，因氨基酸的组合排列不同而组成各种类型的蛋白质。人体中估计有 10 万种以上的蛋白质。生命是物质运动的高级形式，这种运动方式是通过蛋白质来实现的，所以蛋白质有极其重要的生物学意义。人体的生长、发育、运动、遗传、繁殖等一切生命活动都离不开蛋白质。生命运动需要蛋白质，也离不开蛋白质。

人体内的一些生理活性物质如胺类、神经递质、多肽类激素、抗体、酶、核蛋白以及细胞膜上、血液中起“载体”作用的蛋白都离不开蛋白质，它对调节生理功能，维持新陈代谢起着极其重要的作用。人体运动系统中肌肉的成分以及肌肉在收缩、做功、完成动作的过程中的代谢无不与蛋白质有关，离开了蛋白质，体育锻炼就无从谈起。

在生物学中，蛋白质被解释为是由氨基酸借肽键连接起来形成的多肽，然后由多肽连接起来形成的物质。通俗易懂些说，它就是构成人体组织器官的支架和主要物质，在人体生命活动中起着重要作用，可以说没有蛋白质就没有生命活动的存在。饮食中蛋白质主要存在于瘦肉、蛋类、豆类及鱼类中。蛋白质缺乏：成年人表现为肌肉消瘦、机体免疫力下降、贫血，严重者将产生水肿。未成年人表现为生长发育停滞、贫血、智力发育差、视觉差。蛋白质过量：蛋白质在体内不能贮存，多了机体无法吸收，过量摄入蛋白质，将会因代谢障碍产生蛋白质中毒，甚至死亡。

任务三　认识高分子化合物

任务目标

1. 能区分生活用品中用到的材料类型。
2. 记住有机高分子化合物的结构特点和基本性质。
3. 说出有机合成中的三大合成材料。

4. 记住功能性材料在生活生产中的重要作用。

任务引入

你知道天然橡胶、棉花和塑料含哪些元素吗？属于哪类化合物呢？

知识与技能准备

人类自古以来与高分子化合物有着密不可分的关系，自然界的动植物（包括人体本身）就是以高分子化合物为主要成分而构成的。这些天然高分子化合物早已被用作原料来制造生产工具和生活资料。人类的主要食物如淀粉、蛋白质，衣物的原料如棉花、蚕丝、麻等，都是高分子化合物。

一、高分子化合物的概念

由众多原子或原子团主要以共价键结合而成的分子量在一万以上、具有重复结构单元的有机化合物叫做高分子化合物。由于高分子化合物多是由小分子通过聚合反应而制得的，因此也常称为聚合物或高聚物。高分子化合物按其来源可分为天然有机高分子化合物（如淀粉、纤维素、蛋白质、天然橡胶等）和合成有机高分子化合物（如聚乙烯、聚氯乙烯、合成橡胶等）。高分子是以一定数量的结构单元重复组成的，如聚乙烯等。

分子的分子结构有线型结构和体型结构之分。线型结构的特征是分子中的原子以共价键互相连接成一条很长的卷曲状态的“链”（叫分子链）。它是卷曲呈不规则的线团状。体型结构的特征是分子链与分子链之间还有许多共价键交联起来，形成三度空间的网络结构（见图 10-3-1）。

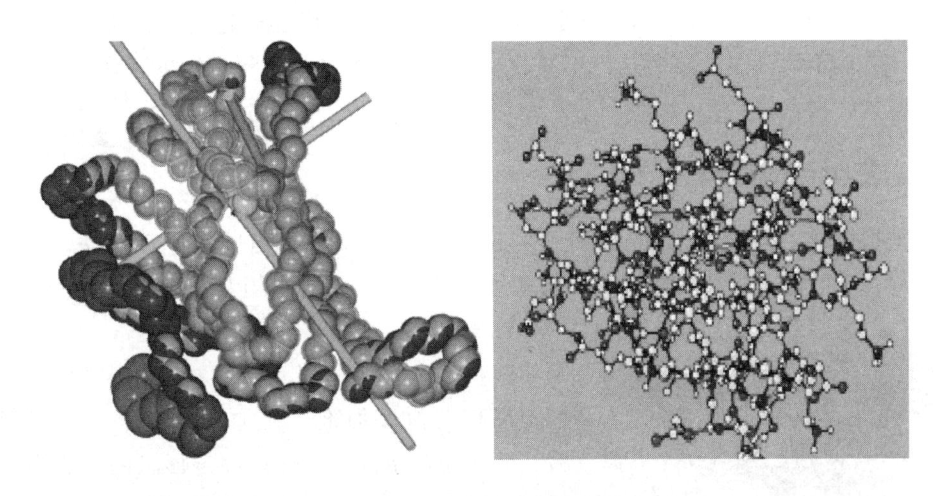

图 10-3-1 高分子化合物的结构式

二、高分子化合物的特性

高分子化合物的结构不同于一般小分子化合物，高分子比一般有机化合物的分子大得多，所以在物理、化学和力学性能上与低分子化合物有很大差异。高分子具有如下的特殊性能。

1. 弹性与塑性

线型高分子化合物的分子在通常情况下是卷曲的，当受到外力作用时，可稍被拉直，当外力去掉后，分子又恢复原来卷曲的形状，这种性质叫做弹性。生胶是一种线型高分子化合物，它有很大的弹性。体型高分子中的长链，如果彼此交联不多，也有一定的弹性。如果交联过多，就会失去弹性而成坚硬的物质，如硬橡胶等。线型高分子化合物当加热到一定温度，就渐渐软化，这时可以把它们制成一定的形状，冷却以后就保持了那种形状，这种性质叫做可塑性。体型高分子化合物因交联很多，当加热时不能软化，因此也就没有可塑性。

2. 电绝缘性

高分子链里的原子是以共价键结合的，一般没有自由电子，不能导电，所以一般有良好的绝缘性。电线的包皮、电插座等都是用塑料制成。此外，高分子化合物对多种射线如 X 射线有抵抗能力，可以抗辐射。

3. 密度和机械强度

高分子材料相对密度小，但强度高，有的工程塑料的强度超过钢铁和其他金属材料。如玻璃钢的强度比合金钢大 1.7 倍，比钛钢大 1 倍。由于质轻、强度高、耐腐蚀、价廉，所以高分子材料在不少场合已逐步取代金属材料，全塑汽车的问世是典型的例子。

4. 化学稳定性

高分子化合物的分子链缠绕在一起，活泼性基团少，活泼的官能团又包在里面，不易和化学试剂反应，化学性质通常很稳定。高分子具有耐酸、耐腐蚀等特性。著名的“塑料王”聚四氟乙烯，在王水中煮也不会变质，其耐酸程度远超过金。高分子材料的缺点是：它们不耐高温，易燃烧，不易分解。如废弃的快餐盒和塑料袋等对环境形成的污染，称为“白色污染”。此外，还容易老化。

三、三大合成材料

通常把塑料、合成橡胶和合成纤维叫做三大合成材料。它们是用人工方法，由低分子化合物合成的高分子化合物，又叫高聚物，分子量可在 10000 以上。

1. 塑料

塑料是以合成树脂为主要成分，再加入填料、增塑剂和其他添加剂，在加热、加压下可塑制成型，而在通常条件下能保持固定形状的合成高分子材料。塑料按用途可分为通用塑料和工程塑料。常见的通用塑料有聚乙烯、聚丙烯、聚氯乙烯、酚醛塑料等。常见的工程塑料有聚四氟乙烯、聚碳酸酯、聚酰胺等（见图 10-3-2）。

图 10-3-2　常见塑料

2. 合成橡胶

橡胶是一类线型柔性高分子聚合物。其分子链柔性好，在外力作用下可产生较大形变，除去外力后能迅速恢复原状。常见合成橡胶有丁苯橡胶、氯丁橡胶、氟橡胶等。氟橡胶具有高度的热稳定性和化学稳定性，可制造飞机零件、高真空设备及宇宙飞行器中最重要的橡胶部件等（见图 10-3-3）。

3. 合成纤维

合成纤维是由合成高分子为原料，通过拉丝工艺获得的纤维。合成纤维的品种很多，最重要的品种有聚酯（涤纶）、聚酰胺（尼龙）、聚丙烯腈（腈纶），它们占世界合成纤维总产量的 90%以上。合成纤维一般都具有强度高、弹性大、耐磨、耐化学腐蚀、耐光、耐热等特点，广泛用作衣料等生活用品（见图 10-3-4）。

图 10-3-3　合成橡胶

图 10-3-4　合成纤维

4. 功能高分子材料

功能高分子材料一般指具有传递、转换或储存物质、能量和信息作用的高分子及其复合材料，或具体地指在原有力学性能的基础上，还具有化学反应活性、光敏性、导电性、催化性、生物相容性、药理性、选择分离性、能量转换性、磁性等功能的高分子及其复合材料。功能高分子材料是 20 世纪 60 年代发展起来的新兴领域，是高分子材料渗透到电子、生物、能源等领域后开发涌现出的新材料。

（1）高分子分离膜

高分子分离膜是用高分子材料制成的具有选择性透过功能的半透性薄膜。利用离子交换膜电解食盐可减少污染；利用反渗透膜进行海水淡化和脱盐；采用高分子富氧膜能简便地获得富氧空气，以用于医疗；还可用于制备电子工业用超纯水和无菌医药用超纯水。

（2）光功能高分子材料

光功能高分子材料是指能够对光进行透射、吸收、储存、转换的一类高分子材料。目前，这一类材料已有很多，主要包括光导材料、光记录材料、光加工材料、光学用塑料（如塑料透镜、接触眼镜等）、光转换系统材料、光显示用材料、光导电用材料、光合作用材料等。光功能高分子材料可以制成普通的安全玻璃、各种透镜、棱镜等；还可以制成塑料光导纤维、光盘、光固化涂料、光弹材料、防伪材料、电子产品、光学开关、彩色滤光片等。

(3) 高吸水性高分子材料

高吸水性高分子可吸收超过自重上百倍甚至上千倍的水，体积虽然膨胀，但加压却挤不出水来。高吸水性高分子已广泛用于尿不湿、土壤保湿材料等，另外还可用作保鲜包装材料，也适宜做人造皮肤的材料。有人建议利用高吸水性高分子来防止土地沙漠化。

(4) 导电高分子材料

高分子具有绝缘性，这是由它的结构所决定的。20 世纪 70 年代人们合成了聚乙炔，发现它有导电性能。随聚乙炔后，又发现一些高分子具有导电性，导电高分子材料引起人们的重视。用导电塑料做成的塑料电池已进入市场，硬币大小的电池，一个电极是金属锂，另一个电极是聚苯胺导电塑料，电池可多次重复充电使用，工作寿命长。

1. 你知道哪些天然高分子材料？常见的合成高分子材料有哪些？
2. 你认为医用高分子材料应符合哪些要求？
3. 谈谈你对白色污染的认识。

复 习 题

一、选择题

1. 糖类化合物可根据被水解的情况分为以下三类，正确的是（　　）。

　A. 单糖、低聚糖及多糖　　B. 葡萄糖、果糖和低聚糖

　C. 果糖、蔗糖、葡萄糖　　D. 葡萄糖、蔗糖、麦芽糖

2. 果糖、蔗糖、葡萄糖、麦芽糖中最甜的是（　　）。

　A. 蔗糖　　B. 葡萄糖　　C. 果糖　　D. 麦芽糖

3. 下列有关淀粉的说法中，错误的是（　　）。

　A. 淀粉属于高分子化合物　　B. 淀粉溶于水后，形成胶体

　C. 淀粉遇碘水后呈蓝色　　D. 淀粉的分子量与纤维素的相等

4. 油脂的硬化实质上是油脂发生（　　）反应。

　A. 加成　　B. 水解　　C. 皂化　　D. 氧化

5. 酶催化作用具有的特点是（　　）。

　A. 条件温和、专一、高效　　B. 条件温和、高效，同时催化多种反应

　C. 专一、高效、适用条件广　　D. 条件温和、专一、催化速率较慢

6. 蛋白质在酸、碱或酶的作用下，能逐步水解成分子量较小的肽，最终得到（　　）。

　A. 各种维生素　　B. 各种葡萄糖

　C. 各种氨基酸　　D. 各种多肽

7. 生活中的一些问题常涉及化学知识，下列叙述正确的是（　　）。

A. 棉花的主要成分是纤维素

B. 过多食用糖类物质（如淀粉等）不会使人发胖

C. 淀粉在人体内直接水解生成葡萄糖，供人体组织的营养需要

D. 纤维素在人体消化中起重要作用，纤维素可以作为人类的营养物质

8. 下列物质中，属于纯净物的是（　　）。

A. 消毒用酒精　B. 福尔马林　C. 聚氯乙烯　D. 石炭酸

9. 下列说法中正确的是（　　）。

A. 糖类是有甜味的物质

B. 糖类组成一定符合通式 $C_m(H_2O)_n$

C. 符合通式 $C_m(H_2O)_n$ 的一定是糖类物质

D. 糖类是人类维持生命的六大类营养素之一

10. 下列物质中既不能发生水解反应，也不能发生还原反应的是（　　）。

A. 葡萄糖　B. 纤维素　C. 乙醇　D. 蔗糖

二、判断题

1. 淀粉、蛋白质、油脂都属于高分子化合物。（　　）

2. 淀粉水解的最终产物是葡萄糖。（　　）

3. 餐具能放在沸水中煮而消毒，原因是细菌细胞中的蛋白质发生变性。（　　）

4. 聚四氟乙烯不溶于浓酸、浓碱、氢氟酸和“王水”，具有很好的化学稳定性，俗称“塑料王”。（　　）

5. 玻璃化温度与高分子材料的性能密切相关，它是聚合物使用时耐热性的重要指标。（　　）

三、简答题

1. 什么叫蛋白质变性？哪些因素可以使蛋白质变性？

2. 三大合成材料在日常生活中都很熟悉，各举一例说明它们的主要性能和用途。

3. 蔗糖里加入稀硫酸或浓硫酸会有什么不同？为什么？

四、推断题

有A、B、C、D 4种无色溶液，它们分别是葡萄糖溶液、蔗糖溶液、淀粉溶液和甲酸乙酯中的一种。经实验可知：①B、C均能发生银镜反应。②A遇碘水呈蓝色。③A、C、D均能发生水解反应，水解液均能发生银镜反应。

试判断它们各是什么物质，并写出有关的化学方程式：

（1）A是________，B是________，C是________，D是________。

（2）写出下列反应的化学方程式：

① A的水解反应________。②B的银镜反应________。

③ C的水解反应________。

任务评价

目标	评价要素	评价标准	评价依据	考核方式			得分	权重
				自评 20%	互评 20%	师评 60%		
知识	基本知识	1. 掌握的知识点 2. 完成书面作业 3. 分析和解决问题	1. 个人作业 2. 课堂笔记 3. 课堂练习 4. 项目测试					35%
能力	基本技能	1. 记住糖类、淀粉、纤维素的组成、分类及用途 2. 说出蛋白质的结构和性质 3. 记住有机高分子化合物结构特点和基本性质	1. 课堂练习 2. 技能测试 3. 实验(实训)报告					50%
情感与素质	学习态度	1. 出勤情况 2. 遵章守纪 3. 主动学习 4. 完成作业 5. 独立探究问题	1. 考勤表 2. 同学及教师观察 3. 课堂笔记 4. 课前准备 5. 个人或小组作业					5%
	沟通协作管理	1. 信息搜集与加工 2. 分工协作 3. 观点表达 4. 理解沟通	1. 乐于请教和帮助同学 2. 小组活动协调和谐 3. 协作教师教学管理 4. 同学及教师观察					5%
	创新精神	1. 创新思维 2. 创新技能	1. 自主学习计划 2. 个人口头或书面提议 3. 协作完成创新作品					5%
总计								

项目十一

环境和能源及绿色化学

任务目标

1. 了解环境、环境污染及其综合治理的有关知识。
2. 了解绿色化学的定义及主要研究的问题。
3. 认识能源的过度开发对环境的破坏及影响，对新能源开发已经迫在眉睫。
4. 了解有机农业与有机食品。
5. 具备环保意识。

知识与技能准备

一、环境问题

1. 大气污染

依据大气污染物的形成物质分为以下几种。

（1）粉尘

粉尘是指悬浮在空气中的固体微粒，国际标准化组织规定，粒径小于 75μm 的固体悬浮物定义为粉尘。在大气中粉尘的存在是保持地球温度的主要原因之一，大气中过多或过少的粉尘将对环境产生灾难性的影响。但在生活和工作中，生产性粉尘是人类健康的天敌，是诱发多种疾病的主要原因（见图 11-1-1）。

图 11-1-1　粉尘污染

（2）光化学烟雾

光化学烟雾指大气中的氮氧化物和碳氢化合物等一次污染物及其受紫外线照射后产生的以臭氧为主的二次污染物组成的混合污染物。光化学烟雾是一种带有刺激性的棕红色烟雾，长期吸入会引起咳嗽和气喘，浓度达 50×10^{-6}时，人将有死亡危险。光化学烟雾主要污染源是机动车排放的尾气（见图 11-1-2）。

（3）酸雨

酸雨正式的名称是酸性沉降，指 pH 小于 5.6 的雨水、冻雨、雪、雹、露等大气降水。它可分为“湿沉降”与“干沉降”两大类，前者指的是所有气状污染物或粒状污染物，随着雨、雪、雾或雹等降水形态而落到地面者，后者则是指在不下雨的日子，从空中降下来的落尘所带的酸性物质而言（见图 11-1-3）。

图 11-1-2　光化学烟雾污染

图 11-1-3　酸雨影响

（4）雾霾

雾霾是雾和霾的混合物，早晚湿度大时，雾的成分多。白天湿度小时，霾占据主力。雾是自然天气现象，虽然以灰尘作为凝结核，但总体无毒无害；霾的核心物质是悬浮在空气中的烟、灰尘等物质，空气相对湿度低于 80%，颜色发黄。气体能直接进入并黏附在人体下呼吸道和肺叶中，对人体健康有伤害。雾霾天气的形成主要是人为的环境污染，再加上气温低、风小等自然条件，导致污染物不易扩散（见图 11-1-4）。

图 11-1-4　城市雾霾

2. 水体污染

（1）酸、碱、盐等无机物污染

无机污染物有的是随着地壳变迁、火山爆发、岩石风化等天然过程进入大气、水体、土壤和生态系统的。有的是随着人类的生产和消费活动而进入的。各种无机污染物在环境中迁移和转化，参与并干扰各种环境化学过程和物质循环过程，造成了无机污染物的污染。

（2）有毒无机物和重金属污染

重金属污染指由重金属或其化合物造成的环境污染。主要由采矿、废气排放、污水灌溉和使用重金属超标制品等人为因素所致。因人类活动导致环境中的重金属含量增加，超出正常范围，直接危害人体健康，并导致水体质量恶化。

重金属在人体内能和蛋白质及各种酶发生强烈的相互作用，使它们失去活性，也可能在人体的某些器官中富集，如果超过人体所能耐受的限度，会造成人体急性中毒。日本的水俣病和骨痛病都是由于重金属污染导致的。

（3）有毒有机物污染

有毒有机污染物主要包括有机氯农药、多氯联苯、多环芳烃、高分子聚合物（塑料、人造纤维、合成橡胶）、染料等有机化合物。它们的共同特点是大多数为难降解有机物，或持久性有机物。它们在水中的含量虽不高，但因在水体中残留时间长，有蓄积性，可造成人体慢性中毒、致癌、致畸、致突变等生理危害。

（4）耗氧有机物污染

生活污水和食品、造纸、制革、印染、石化等工业废水中含有糖类、蛋白质、油脂、氨基酸、脂肪酸、脂类等有机物，这些物质以悬浮态或溶解态存在于污水中，排入水体后能在微生物作用下最终降解为简单的无机物，并消耗大量的氧，使水中溶解氧含量降低，因而称为耗氧有机物。水中的大量无机物消耗了水中的氧，使得水中的鱼类、浮游生物、水生生物和植物出现大量死亡。

（5）水体富营养化

水体富营养化又称作水华，是指湖泊、河流、水库等水体中氮磷等植物营养物质含量过多所引起的水质污染现象。由于水体中氮磷营养物质的富集，引起藻类及其他浮游生物的迅速繁殖，使水体溶解氧含量下降，造成藻类、浮游生物、植物、水生生物和鱼类衰亡，甚至绝迹的污染现象。水体出现富营养化现象时，浮游藻类大量繁殖，形成水华。因占优势的浮游藻类的颜色不同，水面往往呈现蓝色、红色、棕色、乳白色等。这种现象在海洋中则叫做赤潮或红潮。

3. 其他污染

（1）食品污染

食品污染是指食品及其原料在生产和加工过程中，因农药、废水、污水各种食品添加剂及病虫害和家畜疫病所引起的污染，以及霉菌毒素引起的食品霉变，运输、包装材料中有毒物质和多氯联苯、苯并芘所造成的污染的总称。

（2）固体废物对环境的污染

固体废物按来源大致可分为生活垃圾、一般工业固体废物和危险废物三种。此外，还有农业固体废物、建筑废料及弃土。固体废物如不加妥善收集、利用和处理处置将会污染大气、水体和土壤，危害人体健康。

二、有害废物的处置

有害废物的处置普遍采用的方法有以下几种。

1. 卫生填埋法

卫生填埋法指采用底层防渗，垃圾分层填埋，压实后顶层覆盖土层，使垃圾在厌氧条件下发酵，以达到无害化处理。为防止地下水和大气污染，利用坑洼地填埋城市垃圾，是一种既可处置废物，又可覆土造地的保护环境措施。

卫生填埋相对焚烧处理，投资和运行费用较低，但填埋场占地相当大，大量有机物和电池等物质的填埋，使卫生填埋场渗滤液防渗透、收集处理系统负荷和技术难度大，投资高，填埋操作复杂，管理困难，处理后污水也难以达标排放。此外，填埋场的甲烷、硫化氢等废气也必须处理好，以确保防爆和环保要求。

2. 焚烧法

垃圾焚烧是一种较古老的垃圾处理方法。现代各国相继建造焚烧炉，垃圾焚烧法已成为城市垃圾处理的主要方法之一。将垃圾用焚烧法处理后，垃圾能减量化，节省用地，还可消灭各种病原体，将有毒有害物质转化为无害物。

焚烧法是固体废物高温分解和深度氧化的综合处理过程，好处是大量有害的废料分解而变成无害的物质。由于固体废物中可燃物的比例逐渐增加，采用焚烧方法处理固体废物，利用其热能已成为必然的发展趋势。此种处理方法，固体废物占地少，处理量大。为保护环境，焚烧厂多设在10万人口以上的大城市，并设有能量回收系统。但是焚烧法也有缺点，如投资较大，焚烧过程排烟造成二次污染，设备锈蚀现象严重等。在焚烧垃圾时产生二噁英气体，因而只有对焚烧产生的有毒有害气体进行一系列的处理，该法才能实现环保。

3. 化学法

化学法就是使有毒、有害废水转为无毒无害水或低毒水的一种方法，主要有酸碱中和、混凝、化学沉淀、氧化还原等。

4. 固化处理

在危险废物中添加固化剂（固化材料），将其从流体或颗粒物形态转化成满足一定工程特性的不可流动的固体或形成紧密固体的过程，使其不需容器仍能保持处理后的外形。

三、“三废”处理

1. 废气的处理

废气处理的原理有活性炭吸附法、催化燃烧法、催化氧化法、酸碱中和法、等离子法等多种原理。

（1）掩蔽法

脱臭原理：采用更强烈的芳香气味与臭气掺和，以掩蔽臭气，使之能被人接收。适用范围：适用于需立即地、暂时地消除低浓度恶臭气体影响的场合，恶臭强度为2.5左右，无组织排放源。优点：可尽快消除恶臭影响，灵活性大，费用低。缺点：恶臭成分并没有被去除。

（2）稀释扩散法

脱臭原理：将有臭味的气体通过烟囱排至大气，或用无臭空气稀释，降低恶臭物质浓度以减少臭味。适用范围：适用于处理中、低浓度的有组织排放的恶臭气体。优点：费用低、设备简单。缺点：易受气象条件限制，恶臭物质依然存在。

（3）热力燃烧法与催化燃烧法

脱臭原理：在高温下恶臭物质与燃料气充分混合，实现完全燃烧。适用范围：适用于处理高浓度、小气量的可燃性气体。优点：净化效率高，恶臭物质被彻底氧化分解。缺点：设备易腐蚀，消耗燃料，处理成本高，易形成二次污染。

（4）水吸收法

脱臭原理：利用臭气中某些物质易溶于水的特性，使臭气成分直接与水接触，从而溶解于水达到脱臭目的。适用范围：水溶性、有组织排放源的恶臭气体。优点：工艺简单，管理方便，设备运转费用低，产生二次污染，需对洗涤液进行处理。缺点：净化效率低，应与其他技术联合使用，对硫醇、脂肪酸等处理效果差。

（5）药液吸收法

脱臭原理：利用臭气中某些物质和药液产生化学反应的特性，去除某些臭气成分。适用范围：适用于处理大气量、高中浓度的臭气。优点：能够有针对性处理某些臭气成分，工艺较成熟。缺点：净化效率不高，消耗吸收剂，易形成二次污染。

（6）吸附法

脱臭原理：利用吸附剂的吸附功能使恶臭物质由气相转移至固相。适用范围：适用于处理低浓度、高净化度要求的恶臭气体。优点：净化效率很高，可以处理多组分恶臭气体。缺点：吸附剂费用昂贵，再生较困难，要求待处理的恶臭气体有较低的温度和含尘量。

（7）生物滤池式脱臭法

脱臭原理：恶臭气体经过去尘增湿或降温等预处理工艺后，从滤床底部由下向上穿过由滤料组成的滤床，恶臭气体由气相转移至水-微生物混合相，通过固着于滤料上的微生物代谢作用而被分解掉。适用范围：目前研究最多，工艺最成熟，在实际中也最常用的生物脱臭方法。又可细分为土壤脱臭法、堆肥脱臭法、泥炭脱臭法等。优点：处理费用低。缺点：占地面积大，填料需定期更换，脱臭过程不易控制，运行一段时间后容易出现问题，对疏水性和难生物降解物质的处理还存在较大难度。

（8）生物滴滤池法

脱臭原理：原理同生物滤池法类似，不过使用的滤料是诸如聚丙烯小球、陶瓷、木炭、塑料等不能提供营养物的惰性材料。适用范围：只有针对某些恶臭物质而降解的微生物附着在填料上，而不会出现生物滤池中混合微生物群同时消耗滤料有机质的情况。优点：池内微生物数量大，能承受比生物滤池大的污染负荷，惰性滤料可以不用更换，造成压力损失小，而且操作条件极易控制。缺点：需不断投加营养物质，而且操作复杂，使得其应用受到限制。

（9）洗涤式活性污泥脱臭法

脱臭原理：将恶臭物质和含悬浮物泥浆的混合液充分接触，使之在吸收器中从臭气中去除掉，洗涤液再送到反应器中，通过悬浮生长的微生物代谢活动降解溶解的恶臭物质。适用范围：有较大的适用范围，可以处理大气量的臭气，同时操作条件易于控制，占地面积小。缺点：设备费用大，操作复杂，而且需要投加营养物质。

（10）曝气式活性污泥脱臭法

脱臭原理：将恶臭物质以曝气形式分散到含活性污泥的混合液中，通过悬浮生长的微生物降解恶臭物质。适用范围：适用范围广，目前日本已用于粪便处理场、污水处理厂的臭气处理。优点：活性污泥经过驯化后，对不超过极限负荷量的恶臭成分，去除率可达99.5%以上。缺点：受到曝气强度的限制，该法的应用还有一定局限。

(11) 三相多介质催化氧化工艺

脱臭原理：反应塔内装填特制的固态复合填料，填料内部复配多介质催化剂。当恶臭气体在引风机的作用下穿过填料层，与通过特制喷嘴呈发散雾状喷出的液相复配氧化剂在固相填料表面充分接触，并在多介质催化剂的催化作用下，恶臭气体中的污染因子被充分分解。适用范围：适用范围广，尤其适用于处理大气量、中高浓度的废气，对疏水性污染物质有很好的去除率。优点：占地小，投资低，运行成本低；管理方便，即开即用。缺点：耐冲击负荷，不受污染物浓度及温度变化影响，需消耗一定量的药剂。

(12) 低温等离子体技术

脱臭原理：介质阻挡放电过程中，等离子体内部产生富含极高化学活性的粒子，如电子、离子、自由基和激发态分子等。废气中的污染物质与这些具有较高能量的活性基团发生反应，最终转化为 CO_2 和 H_2O 等物质，从而达到净化废气的目的。适用范围：适用范围广，净化效率高，尤其适用于其他方法难以处理的多组分恶臭气体，如化工、医药等行业。优点：低温等离子体中的高能电子，可以使电负性高的气体分子（如氧分子、氮分子）带上电子而成为负离子，它具有许多良好的健康效应，对人体及其他生物的生命活动有着十分重要的影响，被人们誉为“空气维生素”“长寿素”。低温等离子体技术不仅可以净化空气，同时还可以消毒杀菌，从而使空气维持在自然、清新的状态，这是其他任何技术方法所无法比拟的。

2. 废水的处理

现代的废水处理主要分为物理处理法、化学处理法和生物处理法三类。

(1) 物理处理法

指通过物理作用分离、回收废水中不溶解的呈悬浮状态的污染物（包括油膜和油珠）的废水处理法，可分为重力分离法、离心分离法和筛滤截留法等。以热交换原理为基础的处理法也属于物理处理法。

(2) 化学处理法

指通过化学反应和传质作用来分离、去除废水中呈溶解、胶体状态的污染物或将其转化为无害物质的废水处理法。在化学处理法中，以投加药剂产生化学反应为基础的处理单元是：混凝、中和、氧化还原等；而以传质作用为基础的处理单元则有：萃取、汽提、吹脱、吸附、离子交换以及电渗析和反渗透等。后两种处理单元又合称为膜分离技术。其中运用传质作用的处理单元既具有化学作用，又有与之相关的物理作用，所以也可从化学处理法中分出来，成为另一类处理方法，称为物理化学法。

(3) 生物处理法

指通过微生物的代谢作用，使废水中呈溶液、胶体以及微细悬浮状态的有机污染物，转化为稳定、无害的物质的废水处理法。根据作用微生物的不同，生物处理法又可分为需氧生物处理和厌氧生物处理两种类型。废水生物处理广泛使用的是需氧生物处理法，按传统，需氧生物处理法又分为活性污泥法和生物膜法两类。活性污泥法本身就是一种处理单元，它有多种运行方式。属于生物膜法的处理设备有生物滤池、生物转盘、生物接触氧化池以及最近发展起来的生物流化床等。生物氧化塘法又称自然生物处理法。厌氧生物处理法，又名生物还原处理法，主要用于处理高浓度有机废水和污泥。使用的处理设备主要为消化池。

3. 废渣的处理

废渣可分为：工业废渣、农业废渣、城市中无法处理掉的污染物等。

垃圾不是完全不可以利用的，通过各种加工处理可以把垃圾转化为有用的物质或能量，所以人们把垃圾看成一种资源。面对垃圾资源与日俱增和自然资源日渐枯竭的严峻现实，人类已开始自觉和不自觉地投入垃圾处理技术的研究。许多国家根据本国的垃圾有机成分含量高的特点，用垃圾生产高能燃料、复合肥料，制造沼气和发电，并将沼气最终用于城市管道燃气、汽车燃料、工业燃料。当前全球垃圾资源开发处理现状的主要特点如下。

（1）发达国家垃圾资源开发处理量远高于发展中国家。

（2）垃圾处理技术在发达国家以卫生填埋为主，而在发展中国家以堆肥为主。

（3）垃圾资源开发处理系列化和垃圾资源综合利用多元化已成为全球垃圾处理和综合回收利用的新趋势。

在采用各种合理方法处理垃圾的同时，更有价值的是对垃圾进行回收，这种回收包括材料和能源的回收。其中材料回收主要是根据垃圾的物理性能，研究和发展机械化、自动化分选垃圾技术。如利用磁吸法回收废铁；利用振动弹跳法分选软、硬物质；利用旋风分离方法，分离密度不同的物质等。

随着可燃性垃圾不断增加，不少国家把它作为能源的资源。一般是通过三种途径：

（1）利用作为辅助燃料代替低硫煤使用；

（2）在焚化炉内焚化，利用其热能生产蒸汽和发电；

（3）高温干馏产生气体和残渣，气体可作燃料，残渣冷却后形成玻璃体，可作原料利用。这种方法比高温焚化垃圾，产生可供利用的能源更多，回收的材料更多，也不污染空气，这种方法将会得到发展。因此，目前在开展科学合理使用填埋法和焚烧法的同时，应积极研究无害化处理、长期受益的良性循环轨道的垃圾处理方法。

四、绿色化学

1. 定义

绿色化学又称“环境无害化学”“环境友好化学”“清洁化学”，它涉及有机合成、催化、生物化学、分析化学等学科，内容广泛。绿色化学是指在制造和应用化学产品时应有效利用（最好可再生）原料，消除废物和避免使用有毒的和危险的试剂和溶剂。而今天的绿色化学是指能够保护环境的化学技术。它可通过使用自然能源，避免给环境造成负担，避免排放有害物质，并考虑节能、节省资源、减少废弃物排放量。

2. 研究内容

绿色化学的研究包括化学反应（化工生产）过程的4个基本要素：目标分子或最终产品，原材料或起始物，转换反应和试剂，反应条件。具体而言，就是设计或重新设计对人类健康和环境更安全的化合物；研究、变换基本原料和起始化合物；研究新的合成转化反应和新试剂。

3. 特点

绿色化学的最大特点是在始端就采用预防污染的科学手段，因而过程和终端均为零排放或零污染。世界上很多国家已把“化学的绿色化”作为新世纪化学进展的主要方向之一。

(1) 充分利用资源和能源，采用无毒、无害的原料；

(2) 在无毒、无害的条件下进行反应，以减少废物向环境排放；

(3) 提高原子的利用率，力图使所有作为原料的原子都被产品所消纳，实现“零排放”；

(4) 生产出有利于环境保护、社区安全和人体健康的环境友好的产品。

4. 原则

(1) 从源头制止污染，而不是在末端治理污染。

(2) 合成方法应具备“原子经济性”原则，即尽量使参加反应过程的原子都进入最终产物。

(3) 在合成方法中尽量不使用和不产生对人类健康和环境有毒有害的物质。

(4) 设计具有高使用效益、低环境毒性的化学产品。

(5) 尽量不用溶剂等辅助物质，不得已使用时它们必须是无害的。

(6) 生产过程应该在温和的温度和压力下进行，而且能耗最低。

(7) 尽量采用可再生的原料，特别是用生物质代替石油和煤等矿物原料。

(8) 尽量减少副产品。

(9) 使用高选择性的催化剂。

(10) 化学产品在使用完后能降解成无害的物质并且能进入自然生态循环。

(11) 发展适时分析技术，以便监控有害物质的形成。

(12) 选择参加化学过程的物质，尽量减少发生意外事故的风险。

5. 绿色化学在环境治理中的应用

(1) 绿色化学在新兴药物开放中的应用

我国目前生产的农药多为高毒品种，生产过程也有公害。随着“绿色食品”的兴起，人们对无公害的“绿色农药”的要求也越来越迫切。新型的绿色农药主要有生物农药、现代化学农药、光活化农药等，这些农药将取代传统的化学农药而大大减少环境污染。

(2) 绿色化学在处理污染中的应用

① 在大气污染控制中的应用　大气中的 SO_2 主要来自煤中含硫物经燃烧产生的产物，目前煤炭脱硫的方式有：燃前脱硫、燃中固硫、燃后烟气脱硫。从绿色化学角度来讲，前者属于污染预防，后两者属于污染治理。绿色化的煤炭生物脱硫技术则是今后脱硫技术的发展方向。常用煤炭生物脱硫方法有生物浸出法、表面处理浮选法和微生物絮凝法等。有人将煤炭生物技术与非生物乳化技术相结合，提出煤炭脱硫的生物非生物综合新技术，可缩短脱硫时间。在微生物菌种的基础研究方面，国内在采用驯化传统菌种的同时，还积极研究利用遗传学技术，对脱硫微生物进行改良。尽管煤炭生物脱硫技术还处于试验阶段，但它是一种很有前途的煤炭燃前脱硫方法。

② 在水污染控制中的应用　开发高效、低毒、低能耗、不造成二次污染的水处理技术，特别是光、声、磁、电、无毒药剂氧化、生物氧化等多种手段联用的新型绿色技术将成为水处理技术研究的热点和方向。

③ 在固体废物处理中的应用　城市垃圾的处理技术主要有无害化垃圾卫生填埋、垃圾焚烧等。而绿色化学的处理办法有热分选煤气化技术、固体废物电离气化技术，尤其是固体废物电离气化技术（SKYGAS），它不但是最终彻底解决固体废物无害化、资源化的最新技术，不会产生二次污染，而且运行成本低，1～2 年就可以收回投资。“白色污染”泛指一次性使用后未经合理收集和处理而造成环境污染的所有塑料废物，包括农用地膜、塑料包装袋、一次性餐具等。对白色污染物的处理方法有燃烧法、熔融法和降解法，对环境会产生污染，因此开发绿色化学产品可生物降解塑料则是人们追求的目标。在矿物开采过程中，产生了许多尾矿和废堆矿石，即通常所说的二次资源，目前在这方面的研究和利用较少，造成了资源的严重浪费和环境污染。金属矿物资源的高效利用，是以最低的能耗和最少的环境污染，来达到最高的矿物资源综合利用。

6. 绿色化学治理环境的前景

传统化学向绿色化学的转变可以看作是化学从“粗放型”向“集约型”的转变。近年来，绿色化学的研究正围绕着化学反应、原料、催化剂、溶剂和产品的绿色化而开展。大力发展绿色化学工业，从源头上防止污染，从根本上减少或消除污染，实现零排放，提高“原子经济性”，将是我国环境保护的必由之路。就目前来说，采取标本兼治是符合环境保护的发展要求，也是符合我国国情的。

目前，随着绿色化学作为学科前沿方向的逐步形成，在很短的时间内，通向绿色化学的各种途径已隐约可见。这些科学技术成就使得产品的设计更符合环境友好的要求，生产过程可实现或接近零排放，有的已达到原子经济反应，避免了采用剧毒有害原料。这说明绿色化学是有效的，也是有益的。从科学观点认识，绿色化学是对传统化学思维方式的更新和发展；从环境观点认识，它是从源头上消除污染；从经济观点认识，它合理利用资源和能源，降低生产成本，符合经济可持续发展的要求。其目的就是要把现有化学和化工生产的技术路线从“先污染、后治理”改变为“从源头上根除污染”。

作为职业教育学校培养的各种层次的技术人才，应努力学习有关知识，加强对保护环境、改善环境的责任感。创造一个清洁美好的生活环境是人类的共同愿望，给后代留下一个良好的环境，也是我们这一代人所必须履行的责任和义务！相信随着科学技术的进步和人们绿色意识的提高，只要我们用好绿色化学技术，搞好经济，我们赖以生存的地球环境会变得更加美好。

五、环境保护

传统的化学工业给环境带来的污染已十分严重，目前全世界每年产生的有害废物达 3 亿～4 亿吨，给环境造成了危害，并威胁着人类的生存。化学工业能否生产出对环境无害的化学品？甚至开发出不产生废物的工艺？有识之士提出了绿色化学的号召，并立即得到了全世界的积极响应。绿色化学的核心就是要利用化学原理从源头上消除污染。

要发展绿色化学意味着要从过去的污染环境的化工生产转变为安全的、清洁的生产。清洁生产的重点在于：设计比现有产品的毒性更低或更安全的化学品，以防止意外事故的发生；设计新的更安全的、对环境良性的合成路线，例如尽量利用分子机器型催化剂、仿生合成等，使用无害和可再生的原材料；设计新的反应条件，减少废弃物的产生和排放，以降低对人类健康和环境产生的危害。

1995 年，中国科学院化学部确定了《绿色化学与技术》的院士咨询课题。1996 年，召开了“工业生产中绿色化学与技术”研讨会，并出版了《绿色化学与技术研讨会学术报告汇编》。1997 年，国家自然科学基金委员会与中国石油化工集团公司联合立项资助了“九五重大基础研究项目”“环境友好石油化工催化化学与化学反应工程”；中国科技大学绿色科技与开发中心在该校举行了专题讨论会，并出版了《当前绿色科技中的一些重大问题》论文集；香山科学会议以“可持续发展问题对科学的挑战——绿色化学”为主题召开了第 72 次学术讨论会。1998 年，在合肥举办了第一届国际绿色化学高级研讨会；《化学进展》杂志出版了《绿色化学与技术》专辑；四川联合大学也成立了绿色化学与技术研究中心。上述活动已推动了我国绿色化学的发展，化学品和化工生产造成了环境污染，相信化学家能够利用提倡绿色化学和绿色生产以及防止污染、治理污染的方法来消除环境污染，成为环境的朋友。绿色化学将使化学工业改变面貌，为子孙后代造福。

低碳生活十大准则：①拒绝塑料袋；②巧用废旧品；③远离一次性；④提倡水循环；⑤出行少开车；⑥用电节约化；⑦办公无纸化；⑧购物需谨慎；⑨植物常点缀；⑩争做志愿者。

六、新能源

新能源是整个世界发展和经济增长的最基本的驱动力，是人类赖以生存的基础，世界能源结构先后经历了以柴薪为主、以煤为主和以石油为主的时代，现在正逐渐向以天然气为主转变，同时水能、核能、光能、太阳能等可再生能源也正得到广泛的利用。

1. 新能源的内涵

(1) 新能源的定义

新能源又称非常规能源，是指传统能源之外的各种能源形式。指刚开始开发利用或正在积极研究、有待推广的能源，如太阳能、地热能、风能、海洋能、生物质能和核聚变能等。

(2) 新能源的种类

新能源的各种形式都是直接或者间接地来自太阳或地球内部深处所产生的能量，包括了太阳能、风能、生物质能、地热能、水能和海洋能以及由可再生能源衍生出来的生物燃料和氢所产生的能量。也可以说，新能源包括各种可再生能源和核能。相对于传统能源，新能源普遍具有污染少、储量大的特点，对于解决当今世界严重的环境污染问题和资源（特别是化石能源）枯竭问题具有重要意义。

2. 新能源开发现状

(1) 风力发电增长迅速，装机容量不断提高

全球风能蕴量巨大，约为 2.74×10^9 MW，其中可利用的风能为 2×10^7 MW，比地

球上可开发利用的水能总量大10倍。随着技术水平的提高和市场不断扩大，近年来风力发电增长迅速。单机容量不断扩大，目前2.0～3.0MW的风机成为欧美发达国家主流机型，国外有实力的企业正在开发3～5MW机组。自2004年以来，全球风力发电能力翻了一番，2006～2007年间，全球风能发电装机容量扩大了27%。预计未来20～25年内，世界风能市场每年将递增25%。

（2）太阳能光伏发电快速发展、原材料成本有所下降

近几年国际上光伏发电快速发展，世界上已建成了10多座兆瓦级光伏发电系统，6个兆瓦级的联网光伏电站。光伏电站是指与电网相连并向电网输送电力的光伏发电系统，属国家鼓励的绿色能源项目。可以分为带蓄电池的和不带蓄电池的并网发电系统。太阳能发电分为光热发电和光伏发电。通常说的太阳能发电指的是太阳能光伏发电。

光伏发电产品主要用于三大方面：一是为无电场合提供电源；二是太阳能日用电子产品，如各类太阳能充电器、太阳能路灯和太阳能草地各种灯具等；三是并网发电，这在发达国家已经大面积推广实施。到2009年，中国并网发电还未开始全面推广，不过，2008年北京奥运会部分用电是由太阳能发电和风力发电提供的。

2013年12月4日，位于青海省共和县光伏发电园区内的世界最大规模水光互补光伏电站——龙羊峡水光互补320MW并网光伏电站正式启动并网运行，利用水光互补性发电，从电源端解决了光伏发电稳定性差的问题。

世界光伏组件在过去15年年均增长率约15%。20世纪90年代后期，发展更加迅速，1999年光伏组件生产达到200MW。商品化电池效率从10%～13%提高到13%～15%，生产规模从1～5兆瓦/年发展到5～25兆瓦/年，并正在向50MW甚至100MW扩大。同时光伏组件的生产成本有所下降，已降到3美元/W以下。美国和日本为争夺世界光伏市场的霸主地位，争相出台太阳能技术的研究开发计划。瑞士、法国、意大利、西班牙、芬兰等国，也纷纷制定光伏发电计划，并投巨资进行技术开发和加速工业化进程。

（3）生物质能产业经营渐成规模

许多国家制定了生物质能开发研究的相关计划，如日本的阳光计划、印度的绿色能源工程、美国的能源农场和巴西的酒精能源计划。目前，国外的生物质能技术和装置多已达到商业应用程度，实现了规模化产业经营。据统计，目前美国20%的玉米和巴西50%的甘蔗用于制造燃料乙醇，欧盟65%的菜籽油和东南亚30%的棕榈油用于制造生物柴油。以美国、瑞典、奥地利三国为例，生物质转化为高品位能源利用的规模，分别占该国一次能源消耗量的4%、16%和10%。在美国，生物质能发电的总装机容量已超过10000MW，单机容量达10～25MW；美国纽约的斯塔藤垃圾处理站投资2000万美元，采用湿法处理垃圾，回收沼气，用于发电，同时生产肥料。巴西是乙醇燃料开发应用最有特色的国家，实施了世界上规模最大的乙醇开发计划，目前乙醇燃料已占该国汽车燃料消费量的50%以上。

由此可见，在人类开发利用能源的历史长河中，以石油、天然气和煤炭等化石能源为主的时期，仅是一个不太长的阶段，它们终将走向枯竭，而被新能源所取代。人类必

须未雨绸缪，及早寻求新的替代能源。研究和实践表明，新能源资源丰富、分布广泛、可以再生、不污染环境，是国际社会公认的理想替代能源。根据国际权威单位的预测，到21世纪60年代，即2060年，全球新能源的比例，将会发展到占世界能源构成的50%以上，成为人类社会未来能源的基石，世界能源舞台的主角，目前大量燃用的化石能源的替代能源。新能源清洁干净，污染物排放很少，是与人类赖以生存的地球生态环境相协调的清洁能源。化石能源的大量开发和利用，是造成大气和其他类型环境污染与生态破坏的主要原因之一。如何在开发和使用能源的同时，保护好人类赖以生存的地球生态环境，已经成为一个全球性的重大问题。全球气候变化是当前国际社会普遍关注的重大全球环境问题，它主要是发达国家在其工业化过程中燃烧大量化石燃料产生的CO_2等温室气体的排放所造成的。因此，限制和减少化石燃料燃烧产生的CO_2等温室气体的排放，已成为国际社会减缓全球气候变化的重要组成部分。

自从工业革命以来，约80%温室气体造成的附加气候变化是由人类活动引起的，其中CO_2的作用约占60%，而化石燃料的燃烧是能源活动中CO_2的主要排放源。据估算，我国能源活动引起的CO_2排放量约5.8亿吨碳，约占全球化石燃料CO_2排放量的9.76%。观测资料表明，在过去100年中，全球平均气温上升了0.3～0.6℃，全球海平面平均上升了10～25cm。如对温室气体不采取减排措施，在未来几十年内，全球平均气温每10年将可升高0.2℃，2100年全球平均气温将升高1～3.5℃。近年来，由于城市汽车大幅度增加，燃用汽油产生的汽车尾气已成为城市环境的重要污染源。而新能源污染物排放很少。

目前，各种发电方式的碳排放率，常规燃煤电为304，煤气化联合循环发电为270，燃气联合循环发电为118，带烧天然气备用机组的太阳能热发电为47，地热发电为2.5，光伏发电和风力发电则为0。由此可见，新能源是保护生态环境的清洁能源，采用新能源以逐渐减少和替代化石能源的使用，是保护生态环境、走经济社会可持续发展之路的重大措施。

另外，新能源是世界不发达国家的20多亿无电人口和特殊用途解决供电问题的现实能源。

迄今，世界上不发达国家还有20多亿人口尚未用上电。由于无电，这些人大多仍然过着贫困落后、日出而作、日落而息、远离现代文明的生活。这些地方，缺乏常规能源资源，但自然能源资源丰富，人口稀少，并且用电负荷不大，因而发展新能源是解决其供电问题的重要途径。另外，有些领域，如海上航标、高山气象站、地震测报台、森林火警监视站、光缆通信中继站、微波通信中继站、边防哨所、输油输气管道阴极保护站等在无常规电源等特殊条件下，其供电电源由新能源和可再生能源提供，不消耗燃料，无人值守，最为先进、安全、可靠和经济。

新能源已成为全球性能源结构的重要组成部分，开发与利用新能源已成为全世界发展的大趋势，新能源战略也成为新不发达国家占领国际市场竞争新的制高点、主导全球价值链的新王牌。短期内尽管新能源还无法替代传统石化能源，但是世界范围内能源的供给紧张以及应对气候变化为新能源发展提供了广阔的空间，新能源将会为世界环境及经济做出巨大贡献。

(4) 氢能的开发与利用

中国对氢能的研究与发展可以追溯到20世纪60年代初，中国科学家为发展本国的航天事业，对作为火箭燃料的液氢的生产，H_2/O_2燃料电池的研制与开发进行了大量而有效的工作。将氢作为能源载体和新的能源系统进行开发，则是70年代的事。氢能的开发利用首先必须解决氢源问题，大量廉价氢的生产是实现氢能利用的根本。氢是一种高密度能源，一般说来，生产氢要消耗大量的能量。因此，必须寻找一种低能耗、高效率的制氢方法。安全、高效、高密度、低成本的储氢技术，是将氢能利用推向实用化、规模化的关键。

多年来，我国氢能领域的专家和科学工作者在国家经费支持不多的困难条件下，在制氢、储氢和氢能利用等方面，仍然取得了不少的进展和成绩。但是，由于我国在氢能方面投入资金数量过少，与实际需求相差甚远，虽在单项技术的研究方面有所成就，甚至有的达到了世界先进水平，并且在储氢合金材料方面已实现批量生产，但氢能系统技术的总体水平，尚与发达国家有一定差距。我国实施可持续发展战略，积极推动包括氢能在内的洁净能源的开发和利用。

近年来，在氢能领域取得了多方面的进展。我国已初步形成一支由高等院校、中国科学院及石油化工等部门为主的从事氢能研究、开发和利用的专业队伍。在国家自然科学基金委员会、国家科学技术部、中国科学院和中国石油天然气集团公司的支持下，这支队伍承担着氢能方面的国家自然科学基金基础研究项目、国家“863”高技术研究项目、国家重点科技攻关项目及中国科学院重大项目等。科研人员在制氢技术、储氢材料和氢能利用等方面进行了开创性工作，拥有一批氢能领域的知识产权，其中有些研究工作已达到国际先进水平。

在我国发展氢能源具有重要的战略意义。氢能源汽车开发，涉及许多技术领域，如能源、材料、物理、化学、机械、电气、自动控制、环保等，也涉及相关企业、研究机关、大专院校，只有进行协作，风险共担、成果共享，中国的氢能源汽车产业才可能获得实质性的发展。

在氢能源的发展方向上，应该向生物制备氢能源这一方向发展，其他制备方法都是不可持续的，但是生物制备法则需要基因工程与化学工程相结合，这是一个艰难的过程。同时，储存氢能源的材料也必须得到发展，现有的储存氢能的材料优缺点都十分明显，并不适合大规模投产，对不同储存材料的储存机理还有待进一步深入研究。因此，研究出一种将单一储存材料结合的复合式储存材料是未来储氢材料的一种较好的发展方向。

在能源紧缺、交通能源动力系统面临转型的重要时刻，氢能源动力技术的发展对中国的未来尤其重要，必将有助于缓解日益紧迫的环境和社会问题——包括空气污染对人类健康和全球气候的危害，以及各国对煤、石油的依赖。随着制氢技术的进步和储氢手段的完善，氢能将在21世纪的能源舞台上大展风采。发展氢能源，将为建立一个美好、无污染的新世界迈出重要一步。迫切希望政府加大对氢能源的研究，尽快使这种清洁高效的能源成为中国能源结构组成的重要部分。

七、有机农业

有机农业（organic agriculture）是指在生产中完全或基本不用人工合成的肥料、农药、生长调节剂和畜禽饲料添加剂，而采用有机肥满足作物营养需求的种植业，或采用有机饲料满足畜禽营养需求的养殖业。有机农业的发展可以帮助解决现代农业带来的一系列问题，如严重的土壤侵蚀和土地质量下降，农药和化肥大量使用对环境造成污染和能源的消耗，物种多样性的减少等；还有助于提高农民收入，发展农村经济，有极大的发展潜力。有机农业与目前农业相比较，有以下特点。

1. 可向社会提供无污染、好口味、食用安全的环保食品

化肥农药的大量施用，在大幅度提高农产品产量的同时，不可避免地对农产品造成污染，给人类生存和生活留下隐患。目前人类疾病的大幅度增加，尤其各类癌症的大幅度上升，无不与化肥农药的污染密切相关。以往有些地方出现“谈食色变”的现象。有机农业不使用化肥、化学农药，以及其他可能造成污染的工业废弃物、城市垃圾等，因此其产品食用就非常安全，且品质好，有利于保障人体健康，减少疾病发生。

2. 可以减轻环境污染，有利恢复生态平衡

目前化肥农药的利用率很低，一般氮肥只有20%～40%，农药在作物上附着率不超过10%～30%，其余大量流入环境造成污染。如化肥大量进入江湖中造成水体富营养化，影响鱼类生存。农药在杀病菌害虫的同时，也增加了病虫的抗性，杀死了有益生物及一些中性生物，结果引起病虫再猖獗，使农药用量越来越大，施用的次数越来越多，进入恶性循环。改用有机农业生产方式，可以减轻污染，有利于恢复生态平衡。

3. 有利于提高我国农产品在国际上的竞争力，增加外汇收入

随着我国加入世贸组织，农产品进行国际贸易受关税调控的作用愈来愈小，但对农产品的生产环境、种植方式和内在质量控制要求愈来愈高（即所谓非关税贸易壁垒），只有高质量的产品才可能打破壁垒。有机农产品是一种国际公认的高品质、无污染的环保产品，因此应大力发展有机农业，提高我国农产品在国际市场上的竞争力，增加外汇收入。

4. 有利于增加农村就业、农民收入，提高农业生产水平

有机农业是劳动知识密集型产业，是项系统工程，需要大量的劳动力投入，也需要大量的知识技术投入，尤其是病虫问题难以解决，还需要有全新的观念。有机农业食品在国际市场上的价格通常比普遍产品高出20%～50%，有的高出一倍以上。因此，发展有机农业可以增加农村就业，增加农民收入，提高农业生产水平，促进农村可持续发展。

任务实施

1. 请以农村生活垃圾为例，谈一下有害垃圾废物的处置普遍采用的方法。

2. 柴达木盆地构成了青海省海西州地域的主体，其丰富的盐化工、煤炭、石油天然气和有色金属资源是青海省的经济发展支柱和优势资源。以组为单位查阅资料及走访企业，了解海西州盐化工企业是如何治理污染的？在变废为宝、可持续发展等方面采取了哪些措施？

3. 上网查询，了解青海省海西州境内的风力发电及光伏电站的具体情况。

任务评价

目标	评价要素	评价标准	评价依据	考核方式			得分	权重
				自评 20%	互评 20%	师评 60%		
知识	基本知识	1. 掌握的知识点 2. 完成书面作业 3. 分析和解决问题	1. 个人作业 2. 课堂笔记 3. 课堂练习 4. 项目测试					35%
能力	基本技能	1. 了解环境、环境污染及其综合治理的有关知识 2. 了解绿色化学的定义及主要研究的问题 3. 认识能源的过度开发对环境的破坏及影响，对新能源开发已经迫在眉睫 4. 了解有机农业与有机食品	1. 课堂练习 2. 技能测试 3. 实验(实训)报告					50%
情感与素质	学习态度	1. 出勤情况 2. 遵章守纪 3. 主动学习 4. 完成作业 5. 独立探究问题	1. 考勤表 2. 同学及教师观察 3. 课堂笔记 4. 课前准备 5. 个人或小组作业					5%
	沟通协作管理	1. 信息搜集与加工 2. 分工协作 3. 观点表达 4. 理解沟通	1. 乐于请教和帮助同学 2. 小组活动协调和谐 3. 协作教师教学管理 4. 同学及教师观察					5%
	创新精神	1. 创新思维 2. 创新技能	1. 自主学习计划 2. 个人口头或书面提议 3. 协作完成创新作品					5%
总计								

基础化学实训部分

学习指导

1. 学生通过基本实验实训的严格训练，能够规范地掌握基础化学实验的安全常识、基本技术、基本操作和基本技能；

2. 通过化学实训，培养学生对学习化学的兴趣和学生的综合运用能力；

3. 在项目化教学中，通过任务引领、启发教学，使学生从任务入手，查阅文献资料，设计实验方案，实施实验及结果分析，得到解决化学问题和科研能力的初步锻炼和培养；

4. 培养学生勤奋学习，求真、求实的优良品德和科学精神。

项目一　配制一定物质的量浓度的溶液

一、实训目的

1. 练习配制一定物质的量浓度的溶液；
2. 加深对物质的量浓度概念的理解；
3. 练习容量瓶、胶头滴管的使用方法。

二、实训重点

1. 配制一定物质的量浓度的溶液的操作过程和方法；
2. 容量瓶、胶头滴管、托盘天平等的使用方法。

三、实训用品

仪器：烧杯、容量瓶（250mL）、胶头滴管、量筒、玻璃棒、药匙、滤纸、托盘天平。

试剂：NaCl（s）、蒸馏水。

四、实训过程

任务：配制 250mL 2mol/L 的 NaCl 溶液

十字诀	具体步骤	所需仪器	注意事项及其他说明
算	计算：需要 NaCl 的质量(g)	药匙、250mL 容量瓶	①托盘天平只能准确到 0.1g，故计算时只能保留一位小数。若用量筒，计算液体量也要保留一位小数，即准确到 0.1mL；若用滴定管时，计算液体量也要保留二位小数，即准确到 0.01mL ②容量瓶选择是应本着“宁大勿小，相等更好”的原则，即如需配制 450mL 溶液，应选择 500mL 容量瓶
量	称量或量取：用托盘天平称量 7.3g NaCl	托盘天平 药匙	①若是称量固体，则用托盘天平、药匙；若是溶液的稀释，则选用量筒(有时要求准确度比较高时可用滴定管) ②对于易腐蚀、易潮解固体的称量应在小烧杯或玻璃器皿中进行
溶	溶解或稀释：将 NaCl 固体放入烧杯中加入适量蒸馏水溶解	烧杯、玻璃棒、量筒	在烧杯中进行，而不能使用容量瓶；溶解时不能加入太多的水，每次加水量约为总体积的 1/4；玻璃棒的使用注意事项：①搅拌时玻璃棒不能碰烧杯壁；②不能把玻璃棒直接放在实验台上 玻璃棒的作用：搅拌，加速固体溶解(搅拌促溶)
(冷)	冷却：将溶解(或稀释)后的液体冷却至室温		对于溶解或稀释放热的，要先冷却至室温。如浓硫酸的稀释，NaOH、Na_2CO_3 溶液的配制
移	转移：将 NaCl 溶液沿玻璃棒小心转移到 250mL 容量瓶	250mL 容量瓶、玻璃棒	①必须要指明容量瓶的规格，即形式为：××mL 容量瓶 ②第二次使用玻璃棒：引流，防止液体溅出(引流防溅)
洗	洗涤：用蒸馏水洗涤烧杯及玻璃棒 2～3 次		洗涤目的：保证溶质完全转移，减少实验误差
移	再转移：将洗涤液也转移到容量瓶中	玻璃棒	
(摇)定	定容摇匀：向容量瓶中加水至容量瓶处，轻轻振荡(摇动)容量瓶；然后继续加水至离刻度线 1～2cm 处，改用胶头滴管逐滴滴加，使凹液面的最低点恰好与刻度线相平或相切	胶头滴管、玻璃棒	①改用胶头滴管滴加，防止加入液体过多或过少 ②第三次用到玻璃棒：引流防溅 ③注意定容时眼睛应平视，不能俯视或仰视
摇	再振荡摇匀：把瓶塞盖好，反复倒转、振荡摇匀		
(装瓶贴签)	最后将配好的溶液转移到指定试剂瓶中，贴好标签备用		容量瓶仅用于配制一定物质的量浓度的溶液，不能用于储存、溶解、稀释、久存溶液

五、要点提示

容量瓶是细颈平底玻璃瓶，瓶上标有温度和容量，瓶口配有磨口玻璃塞或塑料塞。常用规格有：100mL、200mL、250mL、500mL、1000mL 等。为了避免在溶解或稀释时因吸热、放热而影响容量瓶的容积，溶质应先在烧杯中溶解或稀释并冷却至室温后，再将其转移到容量瓶中。使用范围：用来配制一定体积、一定物质的量浓度的溶液。

注意事项：

① 使用前要检查是否漏水（检漏），步骤是：加水—塞塞—倒立观察—若不漏—正立旋转 180°—再倒立观察—不漏则用。

② 溶解或稀释的操作不能在容量瓶中进行。

③ 不能存放溶液或进行化学反应。

④ 根据所配溶液的体积选取规格。

⑤ 使用时手握瓶颈刻度线以上部位，考虑温度因素。

六、问题与讨论

能引起误差的一些操作		因变量		c /(mol/L)
		n	V	
托盘天平	天平的砝码沾有其他物质或已生锈	增大	不变	偏大
	调整天平零点时，游码放在了刻度线的右端	增大	不变	偏大
	药品、砝码左右位置颠倒	减小	不变	偏小
	称量易潮解的物质(如 NaOH)时间过长	减小	不变	偏小
	用滤纸称易潮解的物质(如 NaOH)	减小	不变	偏小
	溶质含有其它杂质	减小	不变	偏小
量筒	用量筒量取液体时，仰视读数	增大	不变	偏大
	用量筒量取液体时，俯视读数	减小	不变	偏小
烧杯及玻璃棒	溶解前烧杯内有水	不变	不变	无影响
	搅拌时部分液体溅出	减小	不变	偏小
	未洗烧杯和玻璃棒	减小	不变	偏小
容量瓶	未冷却到室温就注入容量瓶定容	不变	减小	偏大
	向容量瓶转移溶液时有少量液体流出	减小	不变	偏小
	定容时，水加多了，用滴管吸出	减小	不变	偏小
	定容后，经振荡、摇匀、静置、液面下降再加水	不变	增大	偏小
	定容后，经振荡、摇匀、静置、液面下降	不变	不变	无影响
	定容时，俯视读刻度数	不变	减小	偏大
	定容时，仰视读刻度数	不变	增大	偏小
	配好的溶液转入干净的试剂瓶时，不慎溅出部分溶液	不变	不变	无影响

项目二　元素周期表的研究

一、实训目的

1. 探究同周期、同主族元素性质的递变规律；

2. 初步培养学生设计实验的能力；

3. 激发学生思维，培养其勇于探索未知的精神。

二、实训用品

仪器：试管、锥形瓶（10mL）、试管夹、试管架、量筒、胶头滴管、酒精灯、点滴板、小刀、滤纸、玻璃片、镊子、砂纸、火柴。

药剂：钠、镁条、钾、铝片、氯水（新制的）、溴水、NaOH 溶液、NaCl 溶液、NaBr 溶液、NaI 溶液、$MgCl_2$ 溶液、$AlCl_3$ 溶液、稀盐酸（1mol/L）、酚酞试液。

三、实训过程

任务 1：同周期元素性质的递变

1. 分别取少量钠、镁、铝与水反应，比较它们反应的剧烈程度。

金属	与滴有酚酞的水的反应现象	反应方程式
钠		
镁		
铝		
结论		

注：镁、铝与水反应时需加热。

2. 分别取少量钠、镁、铝与稀盐酸反应，比较它们反应的剧烈程度。

金属	与稀盐酸反应的现象	反应方程式
钠		
镁		
铝		
结论		

3. 分别向 $MgCl_2$ 和 $AlCl_3$ 溶液中滴加过量的 NaOH 溶液，并振荡。

溶液	反应现象	反应方程式
$MgCl_2$		
$AlCl_3$		
结论		

4. 把 $MgCl_2$ 和 $AlCl_3$ 溶液分别滴加到 NaOH 溶液中，并振荡。

$MgCl_2$ 滴加到 NaOH 溶液中的现象	
$AlCl_3$ 滴加到 NaOH 溶液中的现象	

[问题探究]

分析氯化铝溶液中滴加氢氧化钠溶液和向氢氧化钠溶液中滴加氯化铝溶液现象不同的原因____。

任务 2：同主族元素的性质的递变探究

请做如下探究实验：比较钠、钾与水反应现象的不同，判断其金属性强弱。

1. Na、K 与水的反应

金属	与滴有酚酞的水的反应现象	反应方程式
钠		
钾		
结论		

2. 氯水与 NaCl、NaBr、NaI 溶液反应后加入四氯化碳

溶液	现象	反应方程式
NaCl		
NaBr		
NaI		
结论		

3. 溴水与 NaCl、NaBr、NaI 溶液反应后加入四氯化碳

溶液	现象	反应方程式
NaCl		
NaBr		
NaI		
结论		

[问题探究]

在卤素单质间的置换反应中，卤素单质作氧化剂，探究是否在所有的有非金属单质参加的置换反应中，非金属单质都作氧化剂。

你的结论是：____。

四、问题和讨论

1. 不用其他试剂，如何鉴别 $AlCl_3$ 溶液和 NaOH 溶液。
2. 实训中使用的氯水为何要新制备的？加四氯化碳试剂的目的是什么？
3. 如何设计实验证明同周期的硫、氯元素的非金属性强弱？
4. 如何设计实验证明同主族的钠、钾元素的金属性强弱？

项目三　化学反应速率和限度影响因素探究

一、实训目的

1. 探究浓度、温度和催化剂等条件对化学反应速率的影响；
2. 探究浓度、温度对化学平衡的影响；
3. 通过实训，进一步理解做定量实验的方法，培养观察能力。

二、实训用品

仪器：试管、试管架、胶头滴管、NO_2 平衡仪。

试剂：0.01mol/L $KMnO_4$ 溶液、0.1mol/L $H_2C_2O_4$ 溶液、0.2mol/L $H_2C_2O_4$ 溶液、3mo/L H_2SO_4 溶液、0.1mol/L $Na_2S_2O_3$ 溶液、0.1mol/L H_2SO_4 溶液、3%的 H_2O_2 溶液、家用洗涤剂、MnO_2 粉末、0.1mol/L $K_2Cr_2O_7$ 溶液、浓 H_2SO_4 溶液、6mol/L NaOH 溶液、冰水、热水。

三、实训过程

任务 1：影响化学反应速率的因素探究

实验步骤		实验现象	结论解释
浓度对反应速率的影响	取两支试管，分别向试管中加入 1mL 3mo/L H_2SO_4 和 3mL 0.01mo/L $KMnO_4$ 溶液 (1)向第一支试管中加入 2mL 0.1mo/L $H_2C_2O_4$ 溶液 (2)向第二支试管中加入 2mL 0.2mol/L $H_2C_2O_4$ 溶液	(1)实验现象：______ 褪色时间：______ (2)实验现象：______ 褪色时间：______	
温度对反应速率的影响	取两支试管，各加入 5mL 0.1mol/L $Na_2S_2O_3$ 溶液；另取两支试管各加入 5mL 0.1mol/L H_2SO_4 溶液；将 4 只试管分成两组(盛有 $Na_2S_2O_3$ 和 H_2SO_4 的试管各一只) (1)一组放入冷水中一段时间后相互混合，记录出现浑浊的时间 (2)另一组放入热水中一段时间后相互混合，记录出现浑浊的时间	(1)实验温度：______ 浑浊时间：______ (2)实验温度：______ 浑浊时间：______	
催化剂对反应速率的影响	(1)在试管中加入 3%的 H_2O_2 溶液 3mL 和合成洗涤剂 3～4 滴，观察现象 (2)在另一支试管里加入 3%的 H_2O_2 溶液 3mL 和合成洗涤剂 3～4 滴，再加入少量二氧化锰，观察现象	(1)产生气泡：______； (2)产生气泡：______	

任务 2：化学平衡的移动影响因素探究

实验步骤		实验现象	结论解释
浓度对化学平衡移动的影响	已知：在 $K_2Cr_2O_7$ 溶液中存在如下平衡：$Cr_2O_7^{2-}$(橙色)$+H_2O \rightleftharpoons 2CrO_4^{2-}$(黄色)$+2H^+$ 取两支试管，分别向试管中加入 5mL 0.1mol/L $K_2Cr_2O_7$ 溶液 (1)向第一支试管中加入 3～10 滴浓 H_2SO_4 溶液 (2)向第二支试管中滴加 10～20 滴 6mol/L NaOH 溶液 观察并记录溶液颜色的变化	(1)颜色变化：______； (2)颜色变化：______	
温度对化学平衡移动的影响	如下图将 NO_2 平衡仪分别浸泡在冰水和热水中，观察颜色变化 热水　冰水	颜色变化：______	

四、问题与讨论

1. 影响反应速率的因素有哪些？如何影响？
2. 影响反应平衡的因素有哪些？如何影响？

项目四　电解质溶液的认识

一、实训目的

1. 学会 pH 试纸的使用方法；
2. 加深对电解质有关知识的了解；
3. 加深对盐类水解的原理的理解；
4. 通过判断不同盐溶液酸碱性强弱的实验，培养分析问题的能力。

二、实训用品

仪器：试管、试管夹、滴管、玻璃棒、酒精灯、火柴。

试剂：0.1mol/L HCl 溶液、1mol/L HCl 溶液、0.1mol/L CH_3COOH 溶液、1mol/L CH_3COOH 溶液、饱和 Na_2CO_3 溶液、1mol/L $(NH_4)_2SO_4$ 溶液、NaCl 溶液、1mol/L CH_3COONa 溶液、2%氨水、锌粒、酚酞试液、pH 试纸。

三、实训过程

任务 1：pH 试纸的使用

用干净的玻璃棒分别蘸取少量 0.1mo/LCH_3COOH 溶液、2%氨水和 NaCl 溶液，并分别点在三小块 pH 试纸上，观察试纸的颜色变化并跟标准比色卡相比较，以确定该种溶液的 pH 值。

任务 2：强、弱电解质

1. 用干净的玻璃棒分别蘸取 0.1mo/L HCl 溶液和 0.1mol/L CH_3COOH 溶液，并分别点在两小块 pH 试纸上，观察试纸的颜色变化，并判断两种溶液的 pH 值。

2. 在一个试管中加入少量 0.1mol/L CH_3COOH 溶液，再加入约 10 倍体积的水，振荡均匀，然后用玻璃棒蘸取此稀释液并点在小块 pH 试纸上，判断溶液的 pH 值。CH_3COOH 溶液稀释后，其 pH 值较未稀释前有什么变化？

3. 在两个试管中分别加入一颗锌粒，然后各加入 1mol/L HCl 溶液和 1mol/L CH_3COOH 溶液。稍待一会儿（或加热试管），比较两个试管里反应的快慢。写出有关反应的离子方程式。

① ____________________

② ____________________

任务 3：盐类的水解

1. 向三个试管里分别加入 1mL 饱和 Na_2CO_3 溶液、$(NH_4)_2SO_4$ 溶液和 NaCl 溶液，用 pH 试纸测定它们的 pH 值。写出有关反应的离子方程式。

2. 在一个试管里加入 3mLCH_3COONa 溶液，滴入 2 滴酚酞试液，观察溶液的颜色。再取一个试管，把溶液分成两份，给其中一个试管里的溶液加热，比较两个试管里溶液的颜色。待受热试管中的溶液恢复至常温，再比较两个试管里溶液的颜色。思考温度对水解有什么影响。

四、问题与讨论

1. 为什么检验氨气时，用湿润的红色石蕊试纸，而测定某溶液的酸碱性时，直接将溶液用玻璃棒点在 pH 试纸上？根据实验，试总结当我们使用试纸检验气体或液体时，应各采用什么方法？

2. 根据实验结果，说明温度对 CH_3COONa 溶液的水解反应有什么影响？

3. 试测一下学校周边的土壤的酸碱度。

4. 工业上经常用老碱除污，为什么用热水效果好？

5. 设计验证醋酸是弱电解质的两种实验方案。

项目五　粗盐中难溶性杂质的去除

一、实训目的

1. 掌握溶解、过滤、蒸发等实验的操作技能；
2. 理解过滤法分离混合物的化学原理；
3. 体会过滤的原理在生活生产中的应用。

二、实训原理

粗盐中含有泥沙等不溶性杂质，以及可溶性杂质。不溶性杂质可以用过滤的方法除去，然后蒸发水分得到较纯净的精盐。

三、实训用品

仪器：托盘天平、量筒、烧杯、玻璃棒、药匙、漏斗、铁架台（带铁圈）、蒸发皿、酒精灯、坩埚钳、胶头滴管、滤纸、剪刀、火柴、纸片。

试剂：粗盐、水。

四、实训过程

1. 溶解 ①称取约 5g 粗盐 ②用量筒量取约 10mL 蒸馏水 ③把蒸馏水倒入烧杯中，用药匙取一匙粗盐放入烧杯中边加边用玻璃棒搅拌，一直加到粗盐不再溶解时为止。称量剩余粗盐质量。观察溶液是否浑浊	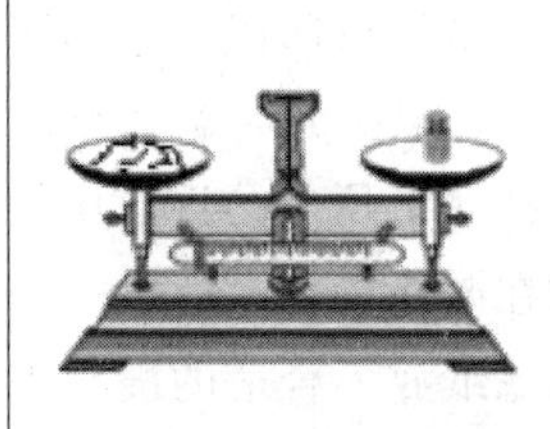 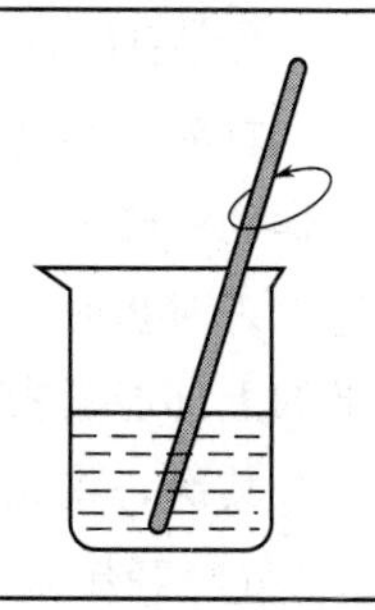

续表

2. 过滤 将滤纸折叠后用水润湿使其紧贴漏斗内壁并使滤纸上沿低于漏斗口，溶液液面低于滤纸上沿，倾倒液体的烧杯口要紧靠玻璃棒，玻璃棒的末端紧靠有三层滤纸的一边，漏斗末端紧靠承接滤液的烧杯的内壁。慢慢倾倒液体，待滤纸内无水时，仔细观察滤纸上的剩余物及滤液的颜色。滤液仍浑浊时，应该再过滤一次	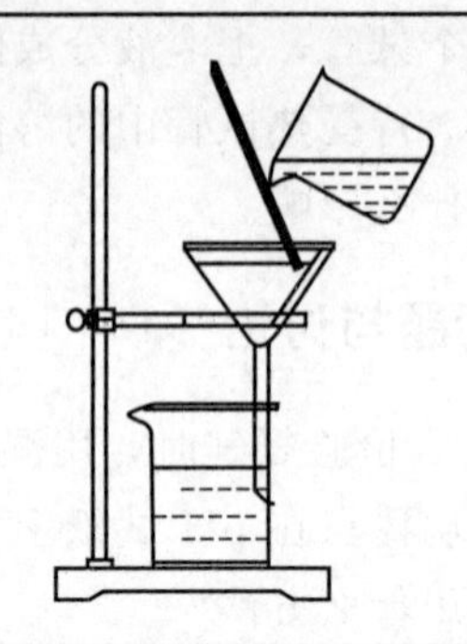
3. 蒸发 把得到的澄清滤液倒入蒸发皿。把蒸发皿放在铁架台的铁圈上，用酒精灯加热。同时用玻璃棒不断搅拌滤液等到蒸发皿中出现较多量固体时，停止加热。利用蒸发皿的余热使滤液蒸干	
4. 计算产率 用玻璃棒把固体转移到纸上，称量后，回收到教师指定的容器。比较提纯前后食盐的状态并计算精盐的产率	

五、问题与讨论

1. 粗盐提纯包括________、________、________和计算产率几步，其中四次用到玻璃棒，每次的作用分别是______、______、______、______。

2. 过滤操作要点可总结为“一贴、二低、三靠”，过滤后若发现滤液仍然浑浊，则其可能的原因是__________，蒸发时待蒸发皿中__________时，便停止加热。

3. 能否采用降低溶液温度的方法使盐溶液浓缩？

4. 有的小组得出的精盐产率大于理论值，有的小组得出的精盐产率小于理论值，造成这些情况的可能原因有哪些？

5. 有的小组过滤后滤液浑浊的可能原因有哪些？他们应如何进行下步操作？

六、要点提示

1. 怎样组装过滤器？

首先，将选好的滤纸对折两次，第二次对折要与第一次对折的折缝不完全重合。当这样的滤纸放入漏斗中，其尖角与漏斗壁间有一定的间隙，但其上部却能完好贴在漏斗壁上。对折时，不要把滤纸顶角的折缝压得过扁，以免削弱尖端的强度，在湿润后，滤纸的上部能紧密地贴在漏斗壁上。

其次，将叠好的滤纸放入合适的漏斗中，用洗瓶的水湿润滤纸，用手指把滤纸上部1/3处轻轻压紧在漏斗壁上。把水注入漏斗时，漏斗颈应充满水，或用手指堵住漏斗颈末端，使其充水至漏斗顶角稍上部为止。漏斗颈保持有连续的水柱，会产生向下的引力，加速了过滤过程。

2. 怎样正确地进行过滤？

在过滤时，玻璃棒与盛有过滤液的烧杯嘴部相靠；玻璃棒末端和漏斗中滤纸的三层部分相接近，但不能触及滤纸；漏斗的颈部尖端紧靠接收滤液的接收器的内壁。每次转移的液体不可超过滤纸高度的三分之二，防止滤液不通过滤纸而由壁间流出。对于残留在烧杯里的液体和固体物质应该用溶剂或蒸馏水按少量多次的原则进行润冲，将洗液全部转移到漏斗中进行过滤。

3. 过滤时，滤液过多而超出滤纸边缘或滤纸被划破怎么办？

可用少量原溶剂冲洗漏斗和滤纸 2～3 次，原滤液连同洗液重新进行过滤。

4. 怎样检验沉淀物是否洗净？

可根据沉淀物上可能检出的杂质类别，在最后一次洗出液中加入适宜的试剂，来检验洗涤程度。如过滤 Na_2SO_4、$BaCl_2$ 两溶液恰好完全反应后的混合物时，要检验沉淀物是否洗净，应选择 $AgNO_3$ 溶液。若在最后一次洗出液中加入 $AgNO_3$ 溶液无沉淀（AgCl）生成，则说明沉淀已洗净。

5. 注意：

(1) 一贴二低三靠

①“一贴”是指滤纸折叠角度要与漏斗内壁口径吻合，使湿润的滤纸紧贴漏斗内壁而无气泡，因为如果有气泡会影响过滤速度。

②“二低”是指滤纸的边缘要稍低于漏斗的边缘，在整个过滤过程中还要始终注意到滤液的液面要低于滤纸的边缘。这样可以防止杂质未经过滤而直接流到烧杯中，若未经过滤的液体与滤液混在一起，而使滤液浑浊，没有达到过滤的目的。

③“三靠”一是指待过滤的液体倒入漏斗中时，盛有待过滤液体的烧杯的烧杯嘴要靠在倾斜的玻璃棒上（玻璃棒引流），防止液体飞溅和待过滤液体冲破滤纸；二是指玻璃棒下端要轻靠在三层滤纸处以防碰破滤纸（三层滤纸一边比一层滤纸那边厚，三层滤纸那边不易被弄破）；三是指漏斗的颈部尖端要紧靠接收滤液的接收器的内壁，以防液体溅出。

(2) 玻璃棒作用

① 溶解时：搅拌，加速溶解。

② 过滤时：引流。

③ 蒸发时：搅拌，使液体均匀受热，防止液体飞溅。

项目六　从海带中提取碘

一、实训目的

1. 掌握萃取、过滤的操作及有关原理；
2. 了解从海带中提取碘的过程；
3. 复习氧化还原反应的知识。

二、实训原理

把干海带燃烧后生成的灰烬倒入烧杯，海带中的碘元素以碘离子的形式存在。加入去离子水并煮沸，使碘离子溶于水中，过滤取滤液，调节滤液 pH 为中性（海带灰里含有碳酸钾，酸化使其呈中性或弱酸性，对下一步氧化析出碘有利。但硫酸加多了则易使碘化氢氧化出碘而损失）。蒸干滤液，将得到的白色固体与重铬酸钾混合均匀，研磨。在高筒烧杯中加热混合物，此时碘单质会升华出来，用注满冰水的圆底烧瓶盖在烧杯口处，碘就会凝华在烧瓶底部。刮下生成的碘，称量计算产率。

三、实训装置图

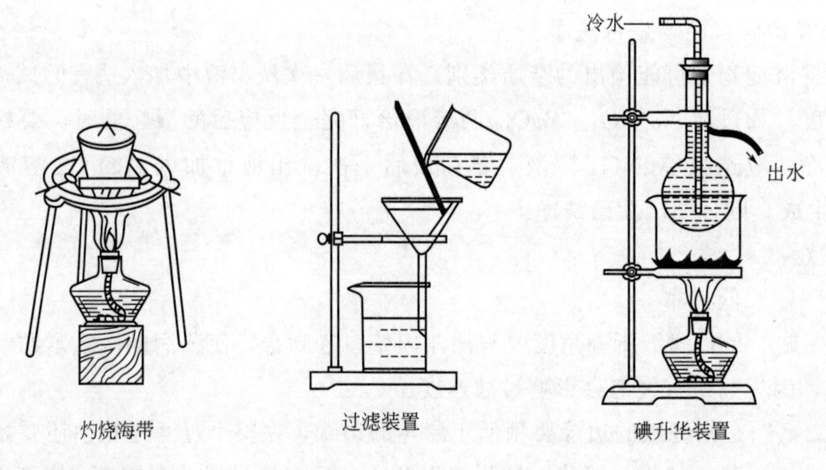

灼烧海带　　过滤装置　　碘升华装置

四、实训用品

仪器：电子天平、托盘天平、圆底烧瓶、高筒烧杯、烧杯（50mL、250mL）、酒精灯、剪刀、带盖坩埚、泥三角、坩埚钳、蒸发皿、脱脂棉、研钵、定量滤纸、吸滤瓶、导管、橡皮管、小刀。

试剂：干海带（50g）、蒸馏水、自来水、H_2SO_4 溶液、重铬酸钾（s）、pH 试纸。

五、实训过程

1. 取 50g 食用干海带，用刷子把干海带表面附着物刷净，不要用水洗。将海带剪碎，用酒精润湿放入瓷坩埚中，把坩埚置于泥三角上。

2. 用酒精灯灼烧盛有海带的坩埚，至海带完全烧成炭黑色灰后，停止加热，自然冷却。

3. 将海带灰倒入烧杯中，依次加入 50mL、30mL、10mL 蒸馏水熬煮，每次熬煮后，倾泻出上层清液，抽滤。将滤液和三次浸取液合并在一起，总体积不宜超过 40mL。再加入 15mL 蒸馏水，不断搅拌，煮沸 4～5min，使可溶物溶解，10min 后过滤。

4. 向滤液里加 H_2SO_4 溶液酸化，调节 pH 值使溶液显中性。把酸化后的滤液倒入蒸发皿中，蒸发至干并尽量炒干，将固体转移至研钵中，加入 2g 重铬酸钾固体，研细。

5. 将上述混合物放入干燥的高筒烧杯中，将自来水冷却的烧瓶放在烧杯口上，在烧杯的缺口部位用脱脂棉塞紧，加热烧杯使生成的碘遇热升华。碘蒸气在烧瓶底部遇冷凝华。当再无紫色碘蒸气产生时，停止加热。取下烧瓶，将烧瓶凝聚的固体碘刮到小称量瓶中，称重。计算海带中碘的质量分数。

6. 取少量的产品溶于蒸馏水中，加入淀粉试剂，观察是否变蓝。其余的碘单质存放于棕色瓶中。

六、问题和讨论

1. 用什么方法能证明碘的存在？
2. 从海带中提取碘的原理是什么？

项目七　肥皂的制取

一、实训目的

1. 巩固油脂的主要性质——皂化；
2. 掌握肥皂制备的原理、方法及其性质；
3. 创造生产实景，激发学生学习兴趣。

二、实训原理

油脂和碱相互作用生成肥皂和甘油：

$$\begin{array}{l} H_2C-OOCR \\ \quad | \\ \quad CH-OOCR \\ \quad | \\ H_2C-OOCR \end{array} + 3NaOH \xrightarrow{\triangle} \begin{array}{l} CH_2OH \\ | \\ CHOH \\ | \\ CH_2OH \end{array} + 3RCOONa$$

三、实训用品

仪器：烧杯、量筒、蒸发皿、玻璃棒、纱布、酒精灯、铁架台、火柴。

药剂：植物油（动物油）、乙醇、30%NaOH 溶液、NaCl 饱和溶液、蒸馏水。

四、实训过程

1. 在一干燥的蒸发皿中加入 8mL 植物油、8mL 乙醇和 4mL NaOH 溶液。

2. 在不断搅拌下，给蒸发皿中的液体微微加热，直到混合物变稠。观察现象。

3. 继续加热，直到把一滴混合物加到水中时，在液体表面不再形成油滴（或者直到油脂全部消失）为止。

4. 把盛有混合物的蒸发皿放在冷水浴中冷却。稍待片刻，向混合物中加入 20mL 热蒸馏水，再放在冷水中冷却。然后加入 25mL NaCl 饱和溶液，充分搅拌，观察现象。

5. 用纱布滤出固态物质，弃去含有甘油的滤液。把固态物质挤干（可向其中加入 1～2 滴香料），并把它压制成条状，晾干，即制得肥皂。

五、问题和讨论

1. 在制备肥皂时，加入乙醇，这是利用了它的什么性质？
2. 在实验过程中，加入 NaOH 溶液的作用是什么？
3. 在实训过程第 4 步中，加入饱和 NaCl 溶液的作用是什么？
4. 植物油的成分是什么？肥皂的成分是什么？
5. 制皂反应的副产物是甘油，你如何通过实验检验和分离出甘油？

项目八　糖类化合物和蛋白质的性质

一、实训目的

1. 掌握糖类化合物的主要化学性质；
2. 探究糖类化合物几种定性鉴别的方法；
3. 探究蛋白质的典型性质。

二、实训用品

仪器：试管、烧杯、三脚架、酒精灯、石棉网、玻璃棒。

药品：$AgNO_3$、$NH_3 \cdot H_2O$（2%）、葡萄糖溶液（5%）、果糖溶液（2%）、蔗糖溶液（5%）、淀粉（2%）、斐林试剂 A、斐林试剂 B、淀粉、碘水溶液、蛋白质溶液、$(NH_4)_2SO_4$（粉末）、醋酸、H_2SO_4（浓）、NaOH（2%）、$CuSO_4$（2%）、HNO_3（浓）。

三、实训过程

任务 1：碳水化合物的性质

1. 与银氨溶液的反应

在洁净的试管中加入 4mL 2%的 $AgNO_3$ 溶液，逐滴加入 2%氨水，边加边振荡，直到最初生成的沉淀刚好溶解为止。将制得的银氨溶液分装在 3 支洁净的试管中，再分别加入 5 滴 5%葡萄糖溶液、果糖溶液、蔗糖溶液。摇匀后放入约 60℃水浴中温热 5min，取出观察是否有银镜产生。

2. 与斐林试剂的反应

在 4 支试管中，各加入 1mL 斐林溶液 A 和 1mL 斐林溶液 B，混匀后再分别加入 5 滴 5%葡萄糖溶液、果糖溶液、蔗糖溶液。摇匀后放入沸水中加热 2～3min，取出观察是否有砖红色沉淀生成。

3. 淀粉与碘的反应

在试管中加入 0.5mL 2%淀粉溶液和 2mL 水，再滴加 1 滴 0.1%碘水溶液，观察现象。将溶液加热，有什么变化？冷却溶液，又有何变化？解释所发生的现象。

任务 2：蛋白质的性质

1. 蛋白质的盐析作用

在试管中加入 4mL 蛋白质溶液，在轻轻振摇下，向其中加入硫酸铵粉末，直至硫酸铵不再溶解为止。静置观察，当下层产生絮状沉淀（清蛋白）后，小心吸出上层清液，再向试管中加入等体积的蒸馏水，振摇后观察现象，沉淀是否溶解，为什么？

2. 蛋白质的受热凝结

在试管中加入 2mL 蛋白质溶液。在灯焰上煮沸 0.5～1min，观察现象。稍冷后，分成两份，在其中一份中加入 1～2 滴硝酸，另一份中加入 1～2 滴浓硫酸，重新加热两份混合物至沸腾，观察这两份混合液中所凝结的蛋白质是否增加。

3. 蛋白质的颜色反应

（1）缩二脲反应

在试管中加入 2mL 蛋白质溶液和 2mL 10% NaOH 溶液，再滴加 2 滴 1% $CuSO_4$ 溶液，振荡后观察，有什么现象发生？

（2）黄蛋白反应

在试管中加入 2mL 蛋白质溶液和 0.5mL 浓硝酸，振摇后加热煮沸，注意观察生成沉淀的颜色，再滴加浓氨水，发生了什么变化？

四、问题与讨论

1. 如何检验葡萄糖和蔗糖？
2. 可用哪些简便的方法来鉴别蛋白质？
3. 如何检验豆腐中蛋白质的存在？

基础化学实验、实训报告

<table>
<tr><td>实验、实训名称</td><td colspan="5"></td></tr>
<tr><td>实验地点</td><td colspan="5"></td></tr>
<tr><td>实验日期</td><td colspan="5"></td></tr>
<tr><td>专业</td><td colspan="2"></td><td>报告日期</td><td colspan="2">____年____月____日</td></tr>
<tr><td>学生姓名</td><td></td><td>学号</td><td></td><td>班级</td><td></td></tr>
<tr><td>同组学生</td><td colspan="3"></td><td>指导教师</td><td></td></tr>
<tr><td colspan="6">一、实验、实训目的和要求</td></tr>
<tr><td colspan="6">二、实验、实训内容和基本理论</td></tr>
<tr><td colspan="6">三、实验、实训用品</td></tr>
</table>

四、实验、实训步骤
五、实验、实训结果与数据处理
六、实验、实训讨论反思
教师评语和成绩 教师签名： 年　　月　　日

附　录

一、部分酸碱盐的溶解性表（20℃）

离子种类	OH^-	NO_3^-	Cl^-	SO_4^{2-}	S^{2-}	SO_3^{2-}	CO_3^{2-}	SiO_3^{2-}	PO_4^{3-}
H^+	—	溶,挥	溶,挥	溶	溶,挥	溶,挥	溶,挥	难	溶
NH_4^+	溶,挥	溶	溶	溶	溶	溶	溶	—	溶
K^+	溶	溶	溶	溶	溶	溶	溶	溶	溶
Na^+	溶	溶	溶	溶	溶	溶	溶	溶	溶
Ba^{2+}	溶	溶	溶	难	—	微	难	难	难
Ca^{2+}	微	溶	溶	微	—	难	难	难	难
Mg^{2+}	难	溶	溶	溶	—	微	微	难	难
Al^{3+}	难	溶	溶	溶	—	—	—	难	难
Mn^{2+}	难	溶	溶	溶	难	难	难	难	难
Zn^{2+}	难	溶	溶	溶	难	难	难	难	难
Cr^{3+}	难	溶	溶	溶	—	—	—	难	难
Fe^{2+}	难	溶	溶	溶	难	难	难	难	难
Fe^{3+}	难	溶	溶	溶	—	—	—	难	难
Sn^{2+}	难	溶	溶	溶	难	—	—	—	难
Pb^{2+}	难	溶	微	难	难	难	难	难	难
Cu^{2+}	难	溶	溶	溶	难	难	难	难	难
Hg^{2+}	—	溶	溶	溶	难	难	—	—	难
Ag^+	—	溶	难	微	难	难	难	难	难

注：表中溶—该物质可溶于水；难—难溶于水（溶解度小于 0.01g，几乎可以看成不溶，但实际溶解了极少量，绝对不溶于水的物质几乎没有）；微—微溶于水；挥—易挥发或易分解溶解性表；——该物质不存在或遇水发生水解。

二、国际单位制的基本单位

量	常用符号	单位名称	单位符号
长度	l	米(又称"公尺")	m
质量	m	千克(又称"公斤")	kg
时间	t	秒	s
电流	I	安[培]	A
热力学温度	T	开[尔文]	K
物质的量	n	摩[尔]	mol
发光强度	Iv	坎[德拉]	cd

三、与国际单位制并用的我国法定计量单位

量的名称	单位名称	单位符号	与 SI 单位的关系
时间	分 [小]时 日,(天)	min h d	1min=60s 1h=60min=3600s 1d=24h=86400s
体积、容积	升	L(l)	$1L=1dm^3=10^{-3}m^3$
质量	吨	t	$1t=10^3kg$

四、弱电解质(弱酸)解离常数(25℃)

名称	化学式	K_a	pK_a
砷酸	H_3AsO_4	$6.2\times10^{-3}(K_{a_1})$ $1.2\times10^{-7}(K_{a_2})$ $3.1\times10^{-12}(K_{a_3})$	2.21　6.93　11.51
亚砷酸	H_3AsO_3	5.1×10^{-10}	9.29
硼酸	H_3BO_3	5.8×10^{-10}	9.24
次溴酸	HBrO	2.3×10^{-9}	8.63
氢氰酸	HCN	6.2×10^{-10}	9.21
氰酸	HCNO	3.3×10^{-4}	3.48
碳酸	H_2CO_3	4.45×10^{-7}	6.352
次氯酸	HClO	4.69×10^{-11}	10.329
亚氯酸	$HClO_2$	1.1×10^{-2}	1.95
铬酸	$HCrO_4$	$3.2\times10^{-7}(K_{a_2})$	6.50
氢氟酸	HF	6.8×10^{-4}	3.17
次碘酸	HIO	2.3×10^{-11}	10.64
碘酸	HIO_3	0.49	0.31

续表

名称	化学式	K_a	pK_a
亚硝酸	HNO_2	7.1×10^{-4}	3.15
过氧化氢	H_2O_2	2.2×10^{-12}	11.65
次磷酸	HPO_3	5.9×10^{-2}	1.23
磷酸	H_3PO_4	$7.11\times10^{-3}(K_{a_1})$ $6.23\times10^{-8}(K_{a_2})$ $4.5\times10^{-13}(K_{a_3})$	2.18 7.199 12.35
焦磷酸	$H_4P_2O_7$	$0.20(K_{a_1})$ $6.5\times10^{-3}(K_{a_2})$ $1.6\times10^{-7}(K_{a_3})$ $2.6\times10^{-10}(K_{a_4})$	0.70 2.19 6.80 9.59
亚磷酸	H_3PO_3	$3.7\times10^{-2}(K_{a_1})2.9\times10^{-7}(K_{a_2})$	1.43 6.54
氢硫酸	H_2S	$9.5\times10^{-8}(K_{a_1})1.3\times10^{-14}(K_{a_2})$	7.02 13.9
硫酸	H_2SO_4	$1.02\times10^{-2}(K_{a_2})$	1.99
亚硫酸	H_2SO_3	$1.23\times10^{-2}(K_{a_1})5.6\times10^{-8}(K_{a_2})$	1.91 7.18
硫氰酸	HSCN	0.13	0.9
硫代硫酸	$H_2S_2O_3$	$0.25(K_{a_1})1.9\times10^{-2}(K_{a_2})$	0.60 1.72
偏硅酸	H_2SiO_3	$1.7\times10^{-10}(K_{a_1})1.6\times10^{-12}(K_{a_2})$	9.77 11.8
甲酸	HCOOH	1.80×10^{-4}	3.745
草酸	HOOC—COOH	$5.60\times10^{-2}(K_{a_1})5.42\times10^{-5}(K_{a_2})$	1.252 4.266
乙酸	CH_3COOH	1.75×10^{-5}	4.757
丙酸	C_2H_5COOH	1.34×10^{-5}	4.874
乳酸(D-2-羟基丙酸)	$CH_3CH(OH)COOH$	1.38×10^{-4}	3.860
苯酚	C_6H_5OH	1.0×10^{-10}	9.98
苯甲酸	C_6H_5COOH	6.28×10^{-5}	4.202
水杨酸(2-羟基苯甲酸)	$C_7H_6O_3$	1.0×10^{-3}(COOH),2×10^{-14}(OH)	2.981 3.66
邻苯二甲酸	$C_8H_6O_4$	$1.12\times10^{-3}(K_{a_1})3.91\times10^{-6}(K_{a_2})$	2.950 5.408
柠檬酸(2-羟基-1,2,3-丙三羧酸)	$C_6H_8O_7$	$7.44\times10^{-4}(K_{a_1})$ $1.73\times10^{-5}(K_{a_2})$ $4.02\times10^{-7}(K_{a_3})$	3.128 4.761 6.396

注：K_a表示弱酸的电离常数；pK_a表示其负对数。

五、弱电解质（弱碱）解离常数（25℃）

名称	化学式	K_b	pK_b
氨水	$NH_3\cdot H_2O$	1.8×10^{-5}	4.74
联氨(肼)	N_2H_4	$3.0\times10^{-6}(K_{b_1})7.6\times10^{-15}(K_{b_2})$	5.521 4.12

续表

名称	化学式	K_b	pK_b
苯胺	$C_6H_5NH_2$	4.2×10^{-10}	9.38
羟胺	NH_2OH	9.1×10^{-9}	8.04
甲胺	CH_3NH_2	4.2×10^{-4}	3.38
乙胺	$C_2H_5NH_2$	5.6×10^{-4}	3.25

注：K_b表示弱碱的电离常数；pK_b表示其负对数。

参 考 文 献

[1] 旷英姿. 化学基础. 第 2 版. 北京：化学工业出版社，2008.
[2] 智恒平，干洪珍. 基础化学. 北京：化学工业出版社，2009.
[3] 徐金娟. 化学基础. 北京：化学工业出版社，2013.
[4] 贺红举. 化学基础. 北京：化学工业出版社，2007.
[5] 刘斌. 化学（加工制造类）. 北京：高等教育出版社，2009.
[6] 刘斌. 化学（农林牧渔类）. 北京：高等教育出版社，2009.
[7] 余红华. 化学基础. 北京：化学工业出版社，2014.
[8] 陈瑛，刘志红. 化学基础. 北京：中国医药科技出版社，2019.
[9] 高琳. 基础化学. 第 4 版. 北京：高等教育出版社，2019.
[10] 孙皓，赵春. 基础化学实验技术. 北京：化学工业出版社，2018.
[11] 蓝德均. 基础化学实验. 北京：北京理工大学出版社，2019.

元素周期表

IUPAC 2013

氧化态(单质的氧化态为0，未列入；常见的为红色)

以 ^{12}C=12为基准的原子量(注✦的是半衰期最长同位素的原子量)

图例：95 Am 镅▲ $5f^77s^2$ 243.06138(2)✦（氧化态 +2 +3 +4 +5 +6）
- 95 — 原子序数
- Am — 元素符号(红色的为放射性元素)
- 镅▲ — 元素名称(注▲的为人造元素)
- $5f^77s^2$ — 价层电子构型

s区元素　p区元素　d区元素　ds区元素　f区元素　稀有气体

周期 \ 族	1 IA	2 IIA	3 IIIB	4 IVB	5 VB	6 VIB	7 VIIB	8 VIIIB(VIII)	9 VIIIB(VIII)
1	1 H 氢 $1s^1$ 1.008 (−1 +1)								
2	3 Li 锂 $2s^1$ 6.94 (+1)	4 Be 铍 $2s^2$ 9.0121831(5) (+2)							
3	11 Na 钠 $3s^1$ 22.98976928(2) (−1 +1)	12 Mg 镁 $3s^2$ 24.305 (+2)							
4	19 K 钾 $4s^1$ 39.0983(1) (−1 +1)	20 Ca 钙 $4s^2$ 40.078(4) (+2)	21 Sc 钪 $3d^14s^2$ 44.955908(5) (+3)	22 Ti 钛 $3d^24s^2$ 47.867(1) (−1 0 +2 +3 +4)	23 V 钒 $3d^34s^2$ 50.9415(1) (0 ±1 +2 +3 +4 +5)	24 Cr 铬 $3d^54s^1$ 51.9961(6) (−3 0 ±1 ±2 +3 +4 +5 +6)	25 Mn 锰 $3d^54s^2$ 54.938044(3) (−2 0 ±1 +2 +3 +4 +5 +6 +7)	26 Fe 铁 $3d^64s^2$ 55.845(2) (−2 0 ±1 +2 +3 +4 +5 +6)	27 Co 钴 $3d^74s^2$ 58.933194(4) (0 ±1 +2 +3 +4 +5)
5	37 Rb 铷 $5s^1$ 85.4678(3) (−1 +1)	38 Sr 锶 $5s^2$ 87.62(1) (+2)	39 Y 钇 $4d^15s^2$ 88.90584(2) (+3)	40 Zr 锆 $4d^25s^2$ 91.224(2) (+1 +2 +3 +4)	41 Nb 铌 $4d^45s^1$ 92.90637(2) (0 ±1 +2 +3 +4 +5)	42 Mo 钼 $4d^55s^1$ 95.95(1) (0 ±1 +2 +3 +4 +5 +6)	43 Tc 锝▲ $4d^55s^2$ 97.90721(3)✦ (0 ±1 +2 +3 +4 +5 +6 +7)	44 Ru 钌 $4d^75s^1$ 101.07(2) (0 +1 +2 +3 +4 +5 +6 +7 +8)	45 Rh 铑 $4d^85s^1$ 102.90550(2) (0 ±1 +2 +3 +4 +5 +6)
6	55 Cs 铯 $6s^1$ 132.90545196(6) (−1 +1)	56 Ba 钡 $6s^2$ 137.327(7) (+2)	57~71 La~Lu 镧系	72 Hf 铪 $5d^26s^2$ 178.49(2) (+1 +2 +3 +4)	73 Ta 钽 $5d^36s^2$ 180.94788(2) (0 ±1 +2 +3 +4 +5)	74 W 钨 $5d^46s^2$ 183.84(1) (0 ±1 +2 +3 +4 +5 +6)	75 Re 铼 $5d^56s^2$ 186.207(1) (0 ±1 +2 +3 +4 +5 +6 +7)	76 Os 锇 $5d^66s^2$ 190.23(3) (0 +1 +2 +3 +4 +5 +6 +7 +8)	77 Ir 铱 $5d^76s^2$ 192.217(3) (0 ±1 +2 +3 +4 +5 +6)
7	87 Fr 钫▲ $7s^1$ 223.01974(2)✦ (+1)	88 Ra 镭 $7s^2$ 226.02541(2)✦ (+2)	89~103 Ac~Lr 锕系	104 Rf 𬬻▲ $6d^27s^2$ 267.122(4)✦	105 Db 𬭊▲ $6d^37s^2$ 270.131(4)✦	106 Sg 𬭳▲ $6d^47s^2$ 269.129(3)✦	107 Bh 𬭛▲ $6d^57s^2$ 270.133(2)✦	108 Hs 𬭶▲ $6d^67s^2$ 270.134(2)✦	109 Mt 鿏▲ $6d^77s^2$ 278.156(5)✦

周期 \ 族	10 VIIIB(VIII)	11 IB	12 IIB	13 IIIA	14 IVA	15 VA	16 VIA	17 VIIA	18 VIIIA(0)	电子层
1									2 He 氦 $1s^2$ 4.002602(2)	K
2				5 B 硼 $2s^22p^1$ 10.81 (+3)	6 C 碳 $2s^22p^2$ 12.011 (−4 +2 +4)	7 N 氮 $2s^22p^3$ 14.007 (−3 −2 −1 +1 +2 +3 +4 +5)	8 O 氧 $2s^22p^4$ 15.999 (−2 −1)	9 F 氟 $2s^22p^5$ 18.998403163(6) (−1)	10 Ne 氖 $2s^22p^6$ 20.1797(6)	L K
3				13 Al 铝 $3s^23p^1$ 26.9815385(7) (+3)	14 Si 硅 $3s^23p^2$ 28.085 (−4 +2 +4)	15 P 磷 $3s^23p^3$ 30.973761998(5) (−3 +1 +3 +5)	16 S 硫 $3s^23p^4$ 32.06 (−2 +2 +4 +6)	17 Cl 氯 $3s^23p^5$ 35.45 (−1 +1 +3 +5 +7)	18 Ar 氩 $3s^23p^6$ 39.948(1)	M L K
4	28 Ni 镍 $3d^84s^2$ 58.6934(4) (0 ±1 +2 +3 +4)	29 Cu 铜 $3d^{10}4s^1$ 63.546(3) (+1 +2 +3 +4)	30 Zn 锌 $3d^{10}4s^2$ 65.38(2) (+1 +2)	31 Ga 镓 $4s^24p^1$ 69.723(1) (+1 +3)	32 Ge 锗 $4s^24p^2$ 72.630(8) (+2 +4)	33 As 砷 $4s^24p^3$ 74.921595(6) (−3 +3 +5)	34 Se 硒 $4s^24p^4$ 78.971(8) (−2 +2 +4 +6)	35 Br 溴 $4s^24p^5$ 79.904 (−1 +1 +3 +5 +7)	36 Kr 氪 $4s^24p^6$ 83.798(2) (+2)	N M L K
5	46 Pd 钯 $4d^{10}$ 106.42(1) (0 +1 +2 +3 +4)	47 Ag 银 $4d^{10}5s^1$ 107.8682(2) (+1 +2 +3)	48 Cd 镉 $4d^{10}5s^2$ 112.414(4) (+1 +2)	49 In 铟 $5s^25p^1$ 114.818(1) (+1 +3)	50 Sn 锡 $5s^25p^2$ 118.710(7) (+2 +4)	51 Sb 锑 $5s^25p^3$ 121.760(1) (−3 +3 +5)	52 Te 碲 $5s^25p^4$ 127.60(3) (−2 +2 +4 +6)	53 I 碘 $5s^25p^5$ 126.90447(3) (−1 +1 +3 +5 +7)	54 Xe 氙 $5s^25p^6$ 131.293(6) (+2 +4 +6 +8)	O N M L K
6	78 Pt 铂 $5d^96s^1$ 195.084(9) (0 +2 +3 +4 +5 +6)	79 Au 金 $5d^{10}6s^1$ 196.966569(5) (+1 +2 +3 +5)	80 Hg 汞 $5d^{10}6s^2$ 200.592(3) (+1 +2 +3)	81 Tl 铊 $6s^26p^1$ 204.38 (+1 +3)	82 Pb 铅 $6s^26p^2$ 207.2(1) (+2 +4)	83 Bi 铋 $6s^26p^3$ 208.98040(1) (−3 +3 +5)	84 Po 钋 $6s^26p^4$ 208.98243(2)✦ (−2 +2 +4 +6)	85 At 砹 $6s^26p^5$ 209.98715(5)✦ (−1 +1 +5 +7)	86 Rn 氡 $6s^26p^6$ 222.01758(2)✦ (+2)	P O N M L K
7	110 Ds 𫟼▲ 281.165(4)✦	111 Rg 𬬭▲ 281.166(6)✦	112 Cn 鿔▲ 285.177(4)✦	113 Nh 鿭▲ 286.182(5)✦	114 Fl 𫓧▲ 289.190(4)✦	115 Mc 镆▲ 289.194(6)✦	116 Lv 𫟷▲ 293.204(4)✦	117 Ts 鿬▲ 293.208(6)✦	118 Og 鿫▲ 294.214(5)✦	Q P O N M L K

★ 镧系	57 La★ 镧 $5d^16s^2$ 138.90547(7) (+3)	58 Ce 铈 $4f^15d^16s^2$ 140.116(1) (+2 +3 +4)	59 Pr 镨 $4f^36s^2$ 140.90766(2) (+2 +3 +4)	60 Nd 钕 $4f^46s^2$ 144.242(3) (+2 +3 +4)	61 Pm 钷▲ $4f^56s^2$ 144.91276(2)✦ (+3)	62 Sm 钐 $4f^66s^2$ 150.36(2) (+2 +3)	63 Eu 铕 $4f^76s^2$ 151.964(1) (+2 +3)	64 Gd 钆 $4f^75d^16s^2$ 157.25(3) (+3)
★ 锕系	89 Ac★ 锕 $6d^17s^2$ 227.02775(2)✦ (+3)	90 Th 钍 $6d^27s^2$ 232.0377(4) (+3 +4)	91 Pa 镤 $5f^26d^17s^2$ 231.03588(2) (+3 +4 +5)	92 U 铀 $5f^36d^17s^2$ 238.02891(3) (+2 +3 +4 +5 +6)	93 Np 镎 $5f^46d^17s^2$ 237.04817(2)✦ (+3 +4 +5 +6 +7)	94 Pu 钚 $5f^67s^2$ 244.06421(4)✦ (+3 +4 +5 +6 +7)	95 Am 镅▲ $5f^77s^2$ 243.06138(2)✦ (+2 +3 +4 +5 +6)	96 Cm 锔▲ $5f^76d^17s^2$ 247.07035(3)✦ (+3 +4)

	65	66	67	68	69	70	71
★ 镧系	65 Tb 铽 $4f^96s^2$ 158.92535(2) (+3 +4)	66 Dy 镝 $4f^{10}6s^2$ 162.500(1) (+3 +4)	67 Ho 钬 $4f^{11}6s^2$ 164.93033(2) (+3)	68 Er 铒 $4f^{12}6s^2$ 167.259(3) (+3)	69 Tm 铥 $4f^{13}6s^2$ 168.93422(2) (+2 +3)	70 Yb 镱 $4f^{14}6s^2$ 173.045(10) (+2 +3)	71 Lu 镥 $4f^{14}5d^16s^2$ 174.9668(1) (+3)
★ 锕系	97 Bk 锫▲ $5f^97s^2$ 247.07031(4)✦ (+3 +4)	98 Cf 锎▲ $5f^{10}7s^2$ 251.07959(3)✦ (+2 +3 +4)	99 Es 锿▲ $5f^{11}7s^2$ 252.0830(3)✦ (+2 +3)	100 Fm 镄▲ $5f^{12}7s^2$ 257.09511(5)✦ (+2 +3)	101 Md 钔▲ $5f^{13}7s^2$ 258.09843(3)✦ (+2 +3)	102 No 锘▲ $5f^{14}7s^2$ 259.1010(7)✦ (+2 +3)	103 Lr 铹▲ $5f^{14}6d^17s^2$ 262.110(2)✦ (+3)